U0161152

中国医学科学院医学实验动物研究所

中国实验动物学会

实验动物科学丛书 18

丛书总主编 秦 川

IX 实验动物工具书系列

中国实验动物学会
团体标准汇编及实施指南

（第六卷）

（上册）

秦 川 主编

科学出版社

北 京

内 容 简 介

本书收录了由中国实验动物学会实验动物标准化专业委员会和全国实验动物标准化技术委员会（SAC/TC281）联合组织编制的第六批中国实验动物学会团体标准及实施指南，总计 13 项标准及相关实施指南。内容包括实验动物环境设施相关标准：运输车通用要求、绿色设施评价；实验动物新资源相关标准：东方田鼠遗传质量控制、小型猪饲养管理规范；实验动物行为学相关标准：实验猴神经行为评价规范、猕猴属动物行为管理规范；实验动物质量控制相关标准：结肠小袋纤毛虫核酸检测方法、钩端螺旋体 PCR 检测方法；动物模型评价相关标准：骨与关节疾病食蟹猴模型评价规范、2 型糖尿病食蟹猴模型评价规范、人源肿瘤异种移植小鼠模型制备技术规范；以及大型实验动物标识技术规范、不同毒力耐多药结核菌用于体内外药效评价技术规范。

本书适合实验动物学、医学、生物学、兽医学研究机构和高等院校从事实验动物生产、使用、管理和检测等相关科研、技术和管理人员使用，也可供对实验动物标准化工作感兴趣的相关人员使用。

图书在版编目（CIP）数据

中国实验动物学会团体标准汇编及实施指南 . 第六卷 / 秦川主编 .
—北京：科学出版社，2022.3
（实验动物科学丛书；18）
ISBN 978-7-03-071868-6

Ⅰ.①中… Ⅱ.①秦… Ⅲ.①实验动物学－标准－中国 Ⅳ.① Q95-65

中国版本图书馆 CIP 数据核字（2022）第 042747 号

责任编辑：罗 静 付丽娜 / 责任校对：宁辉彩
责任印制：吴兆东 / 封面设计：刘新新

科学出版社 出版
北京东黄城根北街 16 号
邮政编码：100717
http://www.sciencep.com

北京建宏印刷有限公司 印刷
科学出版社发行 各地新华书店经销
*
2022 年 3 月第 一 版 开本：787×1092 1/16
2022 年 3 月第一次印刷 印张：15 3/4
字数：388 000

定价：180.00 元（上下册）
（如有印装质量问题，我社负责调换）

编委会名单

丛书总主编：秦　川

主　　　编：秦　川

副　主　编：孔琪

主要编写人员（以姓氏汉语拼音为序）：

　　　　　　高洪彬　广东省实验动物监测所

　　　　　　韩凌霞　中国农业科学院哈尔滨兽医研究所

　　　　　　贾欢欢　广东省实验动物监测所

　　　　　　孔　琪　中国医学科学院医学实验动物研究所

　　　　　　李　舠　广东省实验动物监测所

　　　　　　李根平　北京市实验动物管理办公室

　　　　　　刘恩岐　西安交通大学

　　　　　　倪丽菊　上海实验动物研究中心

　　　　　　潘金春　广东省实验动物监测所

　　　　　　秦　川　中国医学科学院医学实验动物研究所

　　　　　　王希龙　广东省实验动物监测所

　　　　　　谢永平　广西壮族自治区兽医研究所

　　　　　　赵　力　中国建筑科学研究院有限公司

秘　　　书：

　　　　　　董蕴涵　中国医学科学院医学实验动物研究所

丛 书 序

实验动物科学是一门新兴交叉学科，它集成生物学、兽医学、生物工程、医学、药学、生物医学工程等学科的理论和方法，以实验动物和动物实验技术为研究对象，为相关学科发展提供系统的生物学材料和相关技术。实验动物科学不仅直接关系到人类疾病研究、新药创制、动物疫病防控、环境与食品安全监测和国家生物安全与生物反恐，而且在航天、航海和脑科学研究中也具有特殊的作用与地位。

虽然国内外都出版了一些实验动物领域的专著，但一直缺少一套能够体现学科特色的丛书，来介绍实验动物科学各个分支学科和领域的科学理论、技术体系和研究进展。

为总结实验动物科学发展经验，形成学科体系，我从 2012 年起就计划编写一套实验动物丛书，以展示实验动物相关研究成果、促进实验动物学科人才培养、助力行业发展。

经过对丛书的规划设计后，我和相关领域内专家一起承担了编写任务。本丛书由我担任总主编，负责总体设计、规划、安排编写任务，并组织相关领域专家，详细整理了实验动物科学领域的新进展、新理论、新技术、新方法。本丛书是读者了解实验动物科学发展现状、理论知识和技术体系的不二选择。根据学科分类、不同职业的从业要求，丛书内容包括 9 个系列：I 实验动物管理系列、II 实验动物资源系列、III 实验动物基础系列、IV 比较医学系列、V 实验动物医学系列、VI 实验动物福利系列、VII 实验动物技术系列、VIII 实验动物科普系列和 IX 实验动物工具书系列。

本丛书在保证科学性的前提下，力求通俗易懂，融知识性与趣味性于一体，全面生动地将实验动物科学知识呈现给读者，是实验动物科学、医学、药学、生物学、兽医学等相关领域从事管理、科研、教学、生产的从业人员和研究生学习实验动物科学知识的理想读物。

丛书总主编　秦　川　教授

中国医学科学院医学实验动物研究所所长

北京协和医学院比较医学中心主任

中国实验动物学会理事长

2019 年 8 月

前　言

自 20 世纪 50 年代以来，实验动物科学已经在实验动物管理、实验动物资源、实验动物医学、比较医学、实验动物技术、实验动物标准化等方面取得了重要进展，积累了丰富的研究成果，形成了较为完善的学科体系。本书属于"实验动物科学丛书"中实验动物工具书系列第六卷，是实验动物标准化工作的一项重要成果。

实验动物科学在中国有近 50 年的发展历史，在发展过程中有中国特色的科研成果积累、总结和创新。我们根据实际工作经验，结合创新研究成果，建立新型的标准，在标准制定和创新方面作出"中国贡献"，以引领国际标准发展。标准引领实验动物行业规范化、规模化有序发展，是实验动物依法管理和许可证发放的技术依据。标准为实验动物质量检测提供了依据，减少人兽共患病发生。通过对实验动物及相关产品、服务的标准化，可促进行业规范化发展、供需关系良性发展，提高产业核心竞争力，加强国际贸易保护。通过对影响动物实验结果的各因素的规范化，还可保障科学研究和医药研发的可靠性和经济性。

国务院印发的《深化标准化工作改革方案》（国发〔2015〕13 号）文件中指出，市场自主制定的标准分为团体标准和企业标准。政府主导制定的标准侧重于保基本，市场自主制定的标准侧重于提高竞争力。团体标准是由社团法人按照团体确立的标准制定程序自主制定发布，由社会自愿采用的标准。

在国家实施标准化战略的大环境下，2015 年，中国实验动物学会（CALAS）联合全国实验动物标准化技术委员会（SAC/TC281）被国家标准化管理委员会批准成为全国首批 39 家团体标准试点单位之一（标委办工一〔2015〕80 号），也是中国科学技术协会首批 13 家团体标准试点学会之一。

以实验动物标准化需求为导向，以实验动物国家标准和团体标准配合发展为核心，实施实验动物标准化战略，大力推动实验动物标准体系的建设，制定一批关键性标准，提高我国实验动物标准化水平和应用。进而为创新型国家建设提供国际水平的支撑，促进相关学科产生一系列国际认可的原创科技成果，提高我国的科技创新能力。通过制定实验动物国际标准，提高我国在国际实验动物领域的话语权，为我国生物医药等行业参与国际竞争提供保障。

　　本书收录了中国实验动物学会团体标准第六批 13 项。为了配合这批标准的理解和使用，我们还以标准编制说明为依据，组织标准起草人编写了 13 项标准实施指南作为配套。希望各位读者在使用过程中发现不足，为进一步修订实验动物标准，推进实验动物标准化发展进程提出宝贵的意见和建议。

主编　秦　川　教授

中国医学科学院医学实验动物研究所所长

北京协和医学院比较医学中心主任

中国实验动物学会理事长

2022 年 1 月

目 录

————— 上 册 —————

————— 下 册 —————

ICS 65.020.30

B 44

中国实验动物学会团体标准

T/CALAS 99—2021

实验动物　运输车通用要求

Laboratory animal-General requirements for transport vehicle

2022-01-10　发布

2022-01-10　实施

中国实验动物学会　发布

前　　言

本文件按照 GB/T 1.1—2020《标准化工作导则　第 1 部分：标准化文件的结构和起草规则》的规定起草。

请注意本文件的某些内容可能涉及专利。本文件的发布机构不承担识别专利的责任。

本文件由中国实验动物学会归口。

本文件由全国实验动物标准化技术委员会（SAC/TC281）技术审查。

本文件由中国实验动物学会实验动物标准化专业委员会提出并组织起草。

本文件起草单位：北京市实验动物管理办公室、北京实验动物行业协会、北汽福田汽车股份有限公司、北京维通利华实验动物技术有限公司、北京华阜康生物科技股份有限公司、斯贝福（北京）生物技术有限公司。

本文件主要起草人：李根平、赵德明、王宇、尹良宏、刘云波、潘国富、贺争鸣、战大伟、刘文菊。

实验动物　运输车通用要求

1　范围

本文件规定了实验动物运输车总体要求、货厢要求、监控要求。

本文件适用于实验动物运输车设计、改装和日常维护管理。

2　规范性引用文件

下列文件对于本文件的应用是必不可少的。凡是注明日期的引用文件，仅注日期的版本适用于本文件。凡是不注日期的引用文件，其最新版本（包括所有的修改单）适用于本文件。

GB/T 4208—2017　《外壳防护等级（IP 代码）》

GB 34660—2017　《道路车辆　电磁兼容性要求和试验方法》

3　术语和定义

以下术语和定义适用于本文件。

3.1

实验动物 laboratory animal

经人工培育，对其携带的微生物和寄生虫实行控制，遗传背景明确或者来源清楚，用于科学研究、教学、生产、检定以及其他科学实验的动物。

3.2

实验动物运输车 laboratory animal transport vehicle

能够对货厢内部环境进行控制，符合实验动物健康和福利要求，用于运输实验动物的专用车辆。

4　总体要求

4.1　法规符合性

实验动物运输车应符合国家产品准入条件及国家交通管理相关货物运输方面的规定，符合货物运输资质相关要求。

4.2　车辆配置和功能

a）宜选用封闭式厢式货车，驾驶室与货厢需物理隔离，隔板上应设置不小于 30 cm×

40 cm 并可开启的透明观察窗。

    b）应配置冷、暖空调系统。

    c）能在−35℃～50℃环境温度下正常工作。

    d）能在 3000 m 海拔正常工作。

    e）货厢内部防护性能需满足 GB/T 4208—2017 中 IP4X 的要求，防腐蚀，无锐角。

    f）整车电磁兼容需满足 GB/T 34660—2017 相关要求。

    g）车辆内外耐清洗、消毒。

5 货厢要求

5.1 货厢配置条件

    a）货厢内部应加装保温隔热层，厚度不小于 2 cm，满足温度控制要求。

    b）货厢地板应使用无公害环保材料，可拆装，满足底层运输箱通风阻热需要。

    c）货厢地板适宜位置预留固定孔位，配备螺栓或螺丝孔，便于安装实验动物货架。

    d）货厢两侧适宜位置预留孔位，用于安装安全防护网，防止运输箱移位。

    e）货厢应安装全新风独立通风系统。新风口应安置在车辆尾气排放口的对侧上方，有防止雨水随风管进入货厢的措施，进风管保温防冷凝水。货厢内部空调出风口宜均匀布置，方向可调，镶嵌安装在顶部及两侧腰线位置。

    f）货厢排风机组宜加装除臭装置，排风口安置在车辆尾气排放一侧上方，防倒逆。

    g）货厢应配置独立空调机组，控制车厢温度。

    h）货厢内应配备至少 2 个温度监测传感器，传感器量程应达到−40℃～50℃，测量精度 1℃。

    i）货厢内宜配备相对湿度监测传感器，传感器量程应满足 0%RH～100%RH，测量精度控制在±5%。

    j）货厢内部照明灯宜均匀布置在厢顶，照度在 20 lx～200 lx 范围内可调，使用暖光光源。货厢顶部宜安装紫外线灯具。

    k）货厢内部应布置视频监控装置，驾驶室内可实时监控货厢内部状态。

    l）货厢宜设置双层门。

    m）可在暴雨环境中正常工作，货厢内部无渗漏。

5.2 货厢内环境控制要求

    a）温度 16℃～28℃范围内可调。

    b）换气次数 3 次/h～10 次/h 范围内可调。

    c）车辆以 100 km/h 车速运行时，小型车辆货厢内部噪声应≤85 dB，卡车货厢内部噪声≤100 dB。

6 监控要求

    a）驾驶室内应稳固安装实时显示监控货厢内温度、湿度、影像的显示器，以及声光报警装置。

　　b）车辆应配备远程终端，监控平台能实时获得车辆运行中的位置信息和货厢内部温度、湿度、影像等信息。

　　c）驾驶室内应备有应对空调系统、通风系统突发故障的应急预案。

――――――――――

ICS 65.020.30

B 44

中 国 实 验 动 物 学 会 团 体 标 准

T/CALAS 100—2021

实验动物 绿色实验动物设施评价

Laboratory animal-Assessment for green laboratory animal facility

2022-01-10 发布   2022-01-10 实施

中国实验动物学会 发布

前　　言

本文件按照 GB/T 1.1—2020《标准化工作导则　第 1 部分：标准化文件的结构和起草规则》的规定起草。

请注意本文件的某些内容可能涉及专利。本文件的发布机构不承担识别专利的责任。

本文件由中国实验动物学会归口。

本文件由全国实验动物标准化技术委员会（SAC/TC281）技术审查。

本文件由中国实验动物学会实验动物标准化专业委员会提出并组织起草。

本文件起草单位：中国建筑科学研究院有限公司、中国医学科学院实验动物研究所、中国合格评定国家认可中心、四川大学、中国科学院动物研究所、河北医科大学、同济大学、广西医科大学。

本文件主要起草人：赵力、王清勤、秦川、姜波、高虹、王荣、龙恩深、多曙光、刘树锋、吴伟伟、曾宇、刘华、刘东、叶凌、仇丽娉、范乐、吴晓海、范东叶、张渤钰、郭松超、青苏琴、吴华宇、向月、徐峥。

实验动物 绿色实验动物设施评价

1 范围

本文件规定了绿色实验动物设施的基本要求、等级划分及评价方法。

本文件适用于评价实验动物设施的安全耐久、健康舒适、使用便利、资源节约、环境保护等性能。

2 规范性引用文件

下列文件对于本文件的应用是必不可少的。凡是注明日期的引用文件，仅注日期的版本适用于本文件。凡是不注日期的引用文件，其最新版本（包括所有的修改单）适用于本文件。

GB 3096   《声环境质量标准》

GB 5749   《生活饮用水卫生标准》

GB 8978   《污水综合排放标准》

GB 14925   《实验动物 环境及设施》

GB 16297   《大气污染物综合排放标准》

GB 18871   《电离辐射防护与辐射源安全基本标准》

GB 50314   《智能建筑设计标准》

GB 55015   《建筑节能与可再生能源利用通用规范》

3 术语和定义

下列术语和定义适用于本文件。

3.1

绿色实验动物设施 green laboratory animal facility

在全生命期内，保证实验动物质量控制，满足实验动物福利，节约资源、保护环境、减少污染，为人员提供健康、舒适、高效的工作空间的实验动物设施。

3.2

建成评价 post-completion evaluation

实验动物设施建成竣工后进行的绿色实验动物设施评价。

4 基本规定

4.1 基本要求

a）绿色实验动物设施的评价范围应是涉及实验动物生产、实验等用途的建筑物及设备。

b）绿色实验动物设施的评价分为设计评价和建成评价。设计评价应在实验动物设施的施工图设计完成后进行；建成评价应在实验动物设施竣工后进行。

c）申请评价方应对实验动物设施的设计、施工、运行阶段进行全过程控制，对其进行全生命期技术和经济分析，包括安全耐久、健康舒适、使用便利、资源节约、环境保护等方面，提交相关分析、测试报告和技术文件。申请评价方对所提交资料的真实性和完整性负责。

d）绿色实验动物设施的评价机构应对申请评价方提交的分析、测试报告和技术文件进行审查，出具评价报告，确定等级。

e）绿色实验动物设施的评价应遵循因地制宜的原则，结合所在地的气候、环境、资源、经济等特点，对绿色实验动物设施全生命期内的安全耐久、健康舒适、使用便利、资源节约、环境保护等性能进行综合评价。

4.2 评价内容与等级划分

a）绿色实验动物设施评价指标体系应由安全耐久、健康舒适、使用便利、资源节约、环境保护5类指标组成。每类指标均应包括控制项和评分项，另设置加分项。

b）控制项的评价结果应为满足或不满足，全部满足得400分。

c）评分项和加分项的评价结果应为分值。控制项、评分项和加分项的满分值应按表1确定。

表1 绿色实验动物设施评价分值

| | 控制项 | 评分项满分值 | | | | | 提高与创新 |
	基础分值（Q_0）	安全耐久（Q_1）	健康舒适（Q_2）	使用便利（Q_3）	资源节约（Q_4）	环境保护（Q_5）	加分项满分值（Q_A）
设计评价	400	100	100	70	200	100	100
建成评价	400	100	100	100	200	100	100

d）绿色实验动物设施评价的总得分应按公式（1）计算。

$$Q = \frac{Q_0 + Q_1 + Q_2 + Q_3 + Q_4 + Q_5 + Q_A}{10} \tag{1}$$

式中，Q——总得分；

Q_0——控制项基础分值，当满足所有控制项的要求时取400分；

$Q_1 \sim Q_5$——分别为评价指标体系5类指标（安全耐久、健康舒适、使用便利、资源节约、环境保护）评分项得分；

Q_A——提高与创新加分项得分。

e）绿色实验动物设施应划分为基本级、一星级、二星级、三星级 4 个等级。

f）绿色实验动物设施应满足所有控制项的要求。当满足全部控制项要求时，绿色实验动物设施等级为基本级。在此基础上，当每类指标的评分项得分不应小于其评分项满分值的 30%，且评价总得分分别达到 60 分、70 分、85 分时，绿色实验动物设施等级分别为一星级、二星级、三星级。

4.3　条文适用的评价阶段与评价方法

a）本文件"7.2.4 设施管理"的全部条文和"10.2 加分项"的"f）"应用于建成评价，其他所有评价条文同时应用于设计评价和建成评价。

b）设计阶段的评价方法应是查阅设计计算书、施工图、产品样本、检测报告、专项分析报告等；建成阶段的评价方法应是查阅设计计算书、竣工图、产品样本、检测报告、专项分析报告、现场照片、视频资料等，必要时现场检查。对于"7.2.4 设施管理"的条文，尚应查阅相关管理制度、工作或运行记录、绿色设施使用手册等。

5　安全耐久

5.1　控制项

a）屏障环境设施的结构安全等级不应低于二级，且能承载吊顶内设备管线的荷载，以及高压灭菌器、洗笼机、空调设备等设备的荷载。

b）实验动物设施应有防止野生动物进入和实验动物外逃的安全措施。

c）屏障环境设施的耐火等级不应低于二级或设置在不低于二级耐火等级的建筑中，且应采用符合要求的内装修材料、管道材料、电气线缆等材料。

d）实验动物设施应具有安全防护指示、应急照明系统以及疏散指示等标识系统。

e）实验动物设施应充分考虑实验动物抓咬、挣扎、逃逸的情况及动物实验、动物饲养等过程中对人员及实验动物自身的潜在危险，并应设置相应的防护设施。

5.2　评分项

5.2.1　安全

a）采用基于性能的抗震设计，合理提高实验动物设施抗震性能，评价分值为 5 分。

b）适当提高构件的耐火极限，提升设施的耐火等级，设施耐火等级达到一级，评价分值为 5 分。

c）采取加强火灾预警的措施，针对实验动物区易燃物设置极早期火灾探测报警系统，评价分值为 10 分。

d）照明灯具防护应按照可能侵入灯具的固体和液体，选择防尘等级 IP3X～IP5X、防水等级 IPX1～IPX4，评价分值为 10 分。

e）实验动物设施内部各作业单元同时设置有两种或两种以上方式（包括手动、遥控、感应等）的紧急状态应急呼救装置，评价分值为 10 分。

ｆ）实验动物设施设置双路供电系统，应急疏散系统关键核心设备电力负荷不低于二级负荷；或不具备双路供电条件的单位，设置备用发电机并定期启动，确保发电机处于良好的工作状态，评价分值为 10 分。

5.2.2 耐久

ａ）提高实验动物设施结构材料的耐久性，主体结构采用混凝土或耐候结构钢及耐候型防腐涂料等耐久性材料，评价分值为 10 分。

ｂ）采取提升实验动物设施部品部件耐久性的措施，评价总分值 20 分，并按下列规则分别评分并累计。

ⅰ）使用耐腐蚀、抗老化、耐久性能好的管材、管线、管件、活动配件，得 5 分。

ⅱ）采用便于分别拆换、更新和升级的构造，得 5 分。

ⅲ）建筑结构与建筑设备管线分离，得 10 分。

ｃ）合理采用耐久性好、易维护的建筑装修材料，评价总分值 20 分，并按下列规则分别评分并累计。

ⅰ）地面布置垫层配筋，潮湿地区、经常用水冲洗的地面做防水处理，得 10 分。

ⅱ）采用耐腐蚀、耐老化、不起尘、光滑防水的墙面和地面材料，得 5 分。

ⅲ）合理采用清水混凝土，得 5 分。

6 健康舒适

6.1 控制项

ａ）绿色实验动物设施普通环境、屏障环境、隔离环境中的温度、相对湿度、换气次数、气流速度、压差、洁净度、氨浓度、噪声、沉降菌、照度等环境指标应符合现行 GB 14925 的相关要求。

ｂ）普通环境、屏障环境、隔离环境中的动物饮水应符合现行 GB 5749 的相关要求，屏障环境设施的动物饮水应灭菌处理，隔离设备的动物饮水还应达到无菌要求。

ｃ）应根据实验动物种类、体重保证动物的占用空间，满足其自由采食、饮水等舒适的空间，符合现行 GB 14925 的相关要求。

ｄ）实验动物设施应具有温度、湿度、压差等环境指标监控功能。

6.2 评分项

6.2.1 空气质量

ａ）正常动态运行的实验动物生产与实验设施内氨浓度不大于 14 mg/m³，评价总分值为 10 分，并按下列规则评分。

ⅰ）10 mg/m³＜氨浓度≤14 mg/m³，得 5 分。

ⅱ）5 mg/m³＜氨浓度≤10 mg/m³，得 8 分。

ⅲ）氨浓度≤5 mg/m³，得 10 分。

ｂ）屏障环境设施内空气洁净度达到 7 级，隔离环境内空气洁净度达到 5 级，评价总分值为 10 分，并按下列规则评分。

ⅰ）屏障环境空气中大于等于 0.5 μm 的颗粒数≤35 200 pc/m³，得 10 分。

ⅱ）隔离环境空气中大于等于 0.5 μm 的颗粒数≤352 pc/m³，得 10 分。

c）实验动物笼具处气流速度控制在一定范围内，评价总分值为 10 分，并按下列规则评分。

ⅰ）气流速度≤0.1 m/s，得 5 分。

ⅱ）0.15 m/s＜气流速度≤0.2 m/s，得 8 分。

ⅲ）0.1 m/s＜气流速度≤0.15 m/s，得 10 分。

d）选用的装饰装修材料符合现行国家绿色产品标准对有害物质限量的要求，评价总分值为 10 分。选用满足要求的装饰装修材料达到 3 类及以上，得 6 分；达到 5 类及以上，得 10 分。

6.2.2　水质

a）水池、水箱等储水设施采取措施满足卫生要求，评价总分值为 10 分，并按下列规则分别评分并累计。

ⅰ）使用符合要求的水箱，得 5 分。

ⅱ）采取保证储水不变质的措施，得 5 分。

b）所有给水排水管道、设备、设施设置明确、清晰的永久性标识，评价分值为 10 分。

6.2.3　声环境与光环境

a）采取措施优化主要功能房间的室内声环境，评价总分值为 10 分，并按下列规则评分。

ⅰ）噪声级低于 55 dB（A），得 5 分。

ⅱ）噪声级低于 50 dB（A），得 10 分。

b）实验动物设施内的照明可根据动物需要进行照度和光照周期的控制，评价分值为 10 分。

6.2.4　室内热湿环境

a）控制每日环境温度波动 T_d 在一定范围内，评价总分值为 10 分，并按下列规则评分。

ⅰ）T_d≤4℃，得 5 分。

ⅱ）2℃≤T_d＜3℃，得 8 分。

ⅲ）T_d≤2℃，得 10 分。

b）控制环境相对湿度波动 RH_d 在一定范围内，评价总分值为 10 分，并按下列规则评分。

ⅰ）RH_d≤30%，得 5 分。

ⅱ）10%≤RH_d＜20%，得 8 分。

ⅲ）RH_d≤10%，得 10 分。

7　使用便利

7.1　控制项

a）实验动物设施应布局合理，在控制微生物基础上，设置便利、适用、合理的人流与物流通道。

b）实验动物设备应布置合理，且与实验动物的等级、种类、数量等需求相适应。

c）建筑设备管理系统应具有自动监控管理功能。

d）对设施设备有巡检要求和定期维护、保养等规章制度及记录。

7.2 评分项

7.2.1 工艺布局

a）建筑出入口设有动物进入单独通道，且设有检疫室或隔离观察室，大型实验动物设施设置洗浴间，评价分值为5分。

b）内部走廊的净宽度不小于1.8 m，门的净宽度不小于0.9 m，评价分值为4分。

c）设有设备夹层，并设检修通道，评价分值为3分。

d）墙面与地面相交处有半径不小于30 mm的圆弧处理，评价分值为3分。

7.2.2 配套设施

a）有实验动物笼具自动清洗设备，评价分值为5分。

b）物料或废弃物采用自动输送系统，评价分值为5分。

c）设有载重量不少于2000 kg电梯，评价分值为5分。

7.2.3 智慧运行

a）设置分类、分项用能自动远传计量系统，且设置建筑能耗监管系统，对建筑物主要能耗进行分项、分类监测，并进行能效分析和优化管理。评价总分值为20分，并按下列规则分别评分并累计。

ⅰ）建筑耗电量按照明插座、空调、工艺设备等用电分项进行监测与计量，得5分。

ⅱ）建筑用水量、燃气量、集中供热耗热量、集中供冷耗冷量进行分类总表计量，得5分。

ⅲ）建筑耗电量按不同管理单元或功能区域进行监测，得5分。

ⅳ）建筑用水量、集中供热耗热量、集中供冷耗冷量按不同管理单元或功能区域计量，得5分。

b）设置包含空气温度、湿度、压差等项的环境控制智能化系统，评价总分值为10分，并按下列规则分别评分并累计。

ⅰ）设置实验室内温度、湿度、压差等环境控制智能化系统，能进行各分区环境的独立控制，并且数据存储至少一年时间，得5分。

ⅱ）设置空气温度、湿度、压差超出指标范围的安全报警、可视化功能，得5分。

c）设置具有远程控制功能的智能化服务系统并符合GB 50314的规定，评价总分值为10分，并按下列规则分别评分并累计。

ⅰ）信息化应用系统，得2分。

ⅱ）智能化集成系统，得2分。

ⅲ）信息设施系统，得2分。

ⅳ）建筑设备管理系统，得2分。

ⅴ）公共安全系统，得2分。

7.2.4 设施管理

a）对给排水设备进行定期维护、保养，并留有维护保养记录，评价分值为 5 分。

b）对空调系统进行定期维护、保养，评价总分值为 15 分，并按下列规则分别评分并累计。

ⅰ）空调设备方便清洗、检修和更换，得 5 分。

ⅱ）定期对冷水泵/热水泵、冷却水泵、空调箱风机进行维护保养，得 5 分。

ⅲ）每个供冷季或供热季开始前对冷热源进行维护保养，得 5 分。

c）对电气设备进行定期维护、保养，并留有维护保养记录，评价分值为 5 分。

d）动物生产设施的动物排泄物及废垫料采用密封包装，评价分值为 5 分。

8 资源节约

8.1 控制项

a）应结合场地自然条件和实验动物设施的功能需求，对围护结构等进行节能设计，且应符合国家有关节能设计的要求。

b）应采取措施降低实验动物设施部分负荷、部分空间使用下的供暖、空调系统能耗，可根据设施在不同的使用状态下，对房间的整体风量或局部风量进行调节控制。

c）实验动物设施主要功能房间的照明功率密度值不应高于现行 GB 55015 规定的值；动物饲养区照明照度应具有手动调节措施。

d）实验动物设施用水器具和设备应满足节水产品的要求。

8.2 评分项

8.2.1 节能与能源利用

a）建筑供暖空调能耗优于国家现行有关节能标准，评价总分值为 20 分。降低 5%，得 5 分；降低 10%，得 15 分；降低 15%，得 20 分。

b）供暖空调系统的冷、热源机组能效均优于现行 GB 55015 的规定或现行有关国家标准能效限定值的要求，评价总分值为 20 分。优于规定值的 5%，得 10 分；优于规定值的 10%，得 20 分。

c）采取有效措施降低实验动物设施供暖空调系统的末端系统及输配系统的能耗，评价总分值为 20 分，并按以下规则分别评分并累计。

ⅰ）风机有变频调速措施，得 10 分。

ⅱ）风系统末端安装有变（或定）风量阀门或装置，得 5 分。

ⅲ）送、回（排）风支管安装气密阀门，得 5 分。

d）实验动物设施采用节能型电气设备及节能控制措施，评价总分值为 20 分，并按下列规则分别评分并累计。

ⅰ）主要功能房间的照明功率密度值达到现行 GB 55015 规定的目标值，得 10 分。

ⅱ）照明产品、三相配电变压器、水泵、风机等设备满足国家现行有关标准的节能评价值的要求，得 10 分。

e）实验动物设施使用独立通风笼具，评价分值为 20 分。

f）实验动物设施房间采用回风，评价分值为 20 分。

g）采取措施降低实验动物设施房间内的热湿负荷，评价总分值为 20 分，并按下列规则分别评分并累计。

　　ⅰ）清洗消毒间、淋浴室和厕所的排风单独设置，得 10 分。

　　ⅱ）蒸汽高压灭菌器采用局部排风措施，得 10 分。

h）实验动物设施回收使用灭菌设备等废水余热用于制备生产或生活热水，评价分值为 10 分。

i）实验动物设施设置排风能量回收装置，评价分值为 20 分。

8.2.2　节水与水资源利用

a）实验动物设施使用较高用水效率等级的卫生器具，评价总分值为 20 分，并按下列规则评分。

　　ⅰ）全部卫生器具的用水效率等级达到 2 级，得 5 分。

　　ⅱ）50%以上卫生器具的用水效率等级达到 1 级且其他达到 2 级，得 10 分。

　　ⅲ）全部卫生器具的用水效率等级达到 1 级，得 20 分。

b）实验动物设施回收使用灭菌设备冷凝冷却及抽真空用水用于绿化灌溉、湿地补水等，评价分值为 10 分。

9　环境保护

9.1　控制项

a）感染动物实验室产生的实验废弃物等应经高压灭菌后按相关规定进行处理；其他设施的实验动物废弃物、废垫料、一次性个体防护装备等应按相关规定处理；废弃物暂存设施、包装、容器等应符合国家相关规定。

b）设施的废气排放指标符合现行 GB 16297 的规定。感染动物实验室内动物隔离设备等独立排风设备的排风经无害化处理后排出。

c）来自动物的粪尿、笼器具洗刷用水等污水应经处理并达到 GB 8978 规定后排放。

d）放射性动物实验所产生的放射性沾染废弃物应符合现行 GB 18871 规定的处理措施。

9.2　评分项

a）设施的废气经除臭装置处理，排放指标优于现行 GB 16297 的要求，评价分值为 20 分。

b）高温高压灭菌设备的消毒前、后室配备独立的排风设备，排风符合现行 GB 16297 的要求，评价分值为 15 分。

c）设施的生活垃圾采取分类处理，评价分值为 10 分。

d）设施内的地漏采用洁净型地漏，评价分值为 10 分。

e）设施外环境噪声不大于现行 GB 3096 中 2 类声环境功能区标准限值，评价分值为 10 分。

f）设施污物运输单向流动且可有效避免与动物流线交叉，动物流线不影响其他办公和生活区域的人员与物品流动，评价分值为 15 分。

g）设施外环境建筑布局合理，绿地达标，景观宜人，评价总分值为 20 分，并按下列规则评分并累计。

　　ⅰ）绿地率达到规划指标 105% 及以上，得 5 分。

　　ⅱ）硬质铺装地面中透水铺装面积的比例达到 50%，得 5 分。

　　ⅲ）有调蓄功能的绿地和水体的面积之和占绿色面积的比例达到 40%，得 5 分。

　　ⅳ）衔接和引导不少于 80% 的道路（或屋面）雨水进入地面生态设施，得 5 分。

10　提高与创新

10.1　一般规定

a）评价绿色实验动物设施应按本章规定对提高与创新项进行评价。

b）提高与创新项得分为加分项得分之和，当得分大于 100 分时，应取为 100 分。

10.2　加分项

a）采取措施进一步降低建筑供暖空调系统的能耗，评价总分值为 30 分。建筑供暖空调系统能耗相比国家现行有关建筑节能标准降低 20%，得 10 分；每再降低 10%，再得 10 分，最高得 30 分。

b）对实验动物设施的碳排放进行计算，评价分值为 20 分。

c）采用适宜地区特色的建筑风貌设计，因地制宜传承地域建筑文化，评价分值为 20 分。

d）采用符合工业化建造要求的结构体系与建筑构件，主体结构采用装配式混凝土结构，评价总分值为 10 分。地上部分预制构件应用混凝土体积占混凝土总体积的比例达到 35%，得 5 分；比例达到 50%，得 10 分。

e）应用建筑信息模型（BIM）技术，评价总分值为 20 分。在建筑的规划设计、施工建造和运行维护阶段中的一个阶段应用，得 6 分；两个阶段应用，得 12 分；三个阶段应用，得 20 分。

f）按照绿色施工的要求进行施工和管理，评价总分值为 20 分，并按下列规则分别评分并累计。

　　ⅰ）获得绿色施工优良等级或绿色施工示范工程认定，得 8 分。

　　ⅱ）采取措施减少预拌混凝土损耗，损耗率降低至 1.0%，得 4 分。

　　ⅲ）采取措施减少现场加工钢筋损耗，损耗率降低至 1.5%，得 4 分。

　　ⅳ）现浇混凝土构件采用铝模等免墙面粉刷的模板体系，得 4 分。

g）场地绿容率不低于 3.0，评价总分值为 10 分，并按下列规则评分。

　　ⅰ）场地绿容率计算值不低于 3.0，得 6 分。

　　ⅱ）场地绿容率实测值不低于 3.0，得 10 分。

h）实验动物设施采取节约资源、保护生态环境、保障安全健康、智慧友好运行等其他创新，并有明显效益，评价总分值为 40 分。每采取一项，得 10 分，最高得 40 分。

ICS 65.020.30

B 44

中 国 实 验 动 物 学 会 团 体 标 准

T/CALAS 101—2021

实验动物　东方田鼠遗传质量控制

Laboratory animal-Genetic quality control of *Microtus fortis*

2022-01-10　发布　　　　　　　　　　　　2022-01-10　实施

中国实验动物学会　发布

前　言

本文件按照 GB/T 1.1—2020《标准化工作导则　第 1 部分：标准化文件的结构和起草规则》的规定起草。

请注意本文件的某些内容可能涉及专利。本文件的发布机构不承担识别专利的责任。

本文件由中国实验动物学会归口。

本文件由全国实验动物标准化技术委员会（SAC/TC281）技术审查。

本文件由中国实验动物学会实验动物标准化专业委员会提出并组织起草。

本文件起草单位：上海实验动物研究中心、上海市农业科学院畜牧兽医研究所、上海市计划生育科学研究所实验动物经营部。

本文件主要起草人：倪丽菊、高骏、谢建芸、柏熊。

实验动物　东方田鼠遗传质量控制

1　范围

本文件规定了封闭群东方田鼠的命名、繁殖方法、遗传质量监测方法、遗传信息档案的管理。

本文件适用于封闭群东方田鼠的遗传质量控制。

2　规范性引用文件

下列文件中的内容通过文中的规范性引用而构成本文件必不可少的条款。其中，注日期的引用文件，仅该日期对应的版本适用于本文件；不注日期的引用文件，其最新版本（包括所有的修改单）适用于本文件。

GB 14923　《实验动物　哺乳类实验动物的遗传质量控制》

3　术语和定义

以下术语和定义适用于本文件。

封闭群东方田鼠 closed colony of *Microtus fortis*

经人工饲育，对其携带的病原微生物和寄生虫实行控制，遗传背景明确或来源清楚，用于科学研究、教学、生产、检定及其他科学实验的东方田鼠，以非近亲交配方式进行繁殖生产，在不从外部引入新个体的条件下，连续繁殖 4 代及以上的种群。

4　封闭群东方田鼠命名

由 2~4 个大写英文字母命名，种群名称前标明保持者的英文缩写名称，第一个字母应大写，后面的字母小写，一般不超过 4 个字母。保持者与种群名称之间用冒号分开。

5　封闭群东方田鼠的繁殖方法

按 GB 14923 中 4.2 的规定执行。

6　封闭群东方田鼠的遗传质量监测

6.1　封闭群东方田鼠的遗传质量标准

封闭群东方田鼠应符合以下要求。

a）具有明确的遗传背景，来源清楚，有完整的资料（包括种群名称、来源、遗传特性及主要生物学特征等）。

b）用于封闭群保种及生产的繁殖记录卡应清楚完整，繁殖方法科学合理。

c）经遗传检测（微卫星 DNA 标记检测方法）质量合格。

6.2 封闭群东方田鼠遗传检测方法及实施

6.2.1 抽样

按表 1 要求从每个封闭群中随机抽取东方田鼠，雌雄各半。

表 1 封闭群东方田鼠遗传检测的抽样要求

群体数量	抽样数量
100 只及以下	≥16 只
100 只以上	≥30 只

6.2.2 检测方法

采用微卫星 DNA 标记检测方法，具体方法参见附录 A。

6.2.3 结果判定

群体内遗传变异采用平均观测杂合度和平均期望杂合度指标或群体在各位点的平衡状态进行评价。当平均观测杂合度和平均期望杂合度在 0.5～0.7 时，群体为合格的封闭群东方田鼠群体。对各位点在群体内的等位基因进行哈迪-温伯格平衡（Hardy-Weinberg equilibrium）检测，如群体在某些位点偏离平衡状态，应加强繁殖管理，避免近交。

6.2.4 检测间隔时间

封闭群东方田鼠每年至少进行一次遗传质量检测。

7 封闭群东方田鼠遗传信息档案的管理

a）封闭群东方田鼠的遗传信息档案应包含种群名称、来源、每年遗传监测抽样的动物个体编号、微卫星位点名称及其相对应的个体的基因型。

b）分析不同世代获得的基因频率和基因型频率的差异，及时调整保种方案以保持种群的遗传多样性，避免近交系数的上升。

c）一般由专人进行遗传信息档案的记录和保管，除纸制材料外，应注意电子档案的录入和备份。

附 录 A

（规范性附录）

封闭群东方田鼠微卫星 DNA 标记检测方法

A.1 基因组 DNA 提取

从东方田鼠眼眶采集抗凝血 200 μL 或剪取 0.5 cm 东方田鼠尾巴，用常规酚氯仿抽提法或试剂盒提取基因组 DNA，测量基因组 DNA 的浓度与纯度，OD_{260}/OD_{280} 应在 1.7～1.9。将 DNA 溶液的浓度调整至 20 ng/μL，−20℃保存备用。

A.2 微卫星位点及引物信息

用 18 个东方田鼠微卫星位点检测封闭群东方田鼠的遗传概貌。各微卫星位点上游 PCR 引物的 5′端进行荧光染料标记，根据各位点的目的片段长度、引物的荧光标记和退火温度的不同，将所有引物分为 7 个组合（Panel 1～Panel 7），同组内的微卫星位点可以同时扩增检测。具体引物信息见表 A.1。

表 A.1　东方田鼠 18 个微卫星位点的引物信息

组合	位点编号	引物序列及荧光标记 5′→3′	等位基因范围 /bp	等位基因个数	退火温度 /℃
Panel 1	MFBAC67-34	FAM-AAGCAGAGGACAGTAATGG CCTTGAACTTGGAGAATGAC	116～156	20	54
	MFA53	HEX-CCAGTGTATTACTGCATCTAAGC AGGCTGTAAGGGACCAAGT	147～175	14	
	MFB41	FAM-GACCATAAAGTGAGATGCTACC AGTGCTGGGATTAAAACG	209～245	15	
Panel 2	MFBAC133-32	HEXATCGCCAGAATCTACATCC CCAAGTGACAGTGAGAGG	192～210	9	58
	MFA50	FAM-CCACTGGAGATATGAGGTGATCGT GGTGAATGGGAGGTGAAGAGTTTG	128～154	13	
	MFBAC52-05	HEX-CTCCAGTTCCAGTCAGAG AAGGTCAATCTTGGTGGTT	265～293	13	
Panel 3	MFA56	HEX-CTGTCTTCTGACCTCCAAAC TCTCCCTTCACTAAACCATG	119～155	15	58
	MFA300	FAM-GGAGACTTACATACAGACCAAACA GGGGAACAAACCCAGGAC	284～310	10	
	MFA178	HEX-ATGTCCTATTTGGGGCTGAG CTGAAAACCGGGAAGGCT	177～205	15	
Panel 4	MFA73	HEX-CATGTGTTTCCTGGTGACTC TCTCCAAGTCTCCTGCTCCT	136～164	15	59
	MFBAC114-22	FAM-CAGGCTATCCATGCTCTC CGGTGACAATTCTCCTAGCAG	373～427	17	
	MFBAC107-05	HEX-TAGTGAAGCCAACAACCAAAT CAAGGAAGTGAGAGGAACAT	230～258	8	59
Panel 5	MFA257	FAM-CTTGGTCCGCAGTAGAGTC GGTCATCAGGTTGGCTTG	96～138	21	57

续表

组合	位点编号	引物序列及荧光标记 5′→3′	等位基因范围 /bp	等位基因 个数	退火温度 /℃
Panel 5	MFA184	FAM-CGCCTCACAGATTCTTACC TCTTCCCAGGAGACCCTA	210～260	17	57
	MFA313	FAM-AAGCAGGAATCAAACAGC TGGGTGTGCCTATAATCTCAG	266～296	15	
Panel 6	MFA356	FAM-GCACAATGAAGAGCCTAAG GAAGCCTTATACAGACTCCT	105～159	18	56
	MFBAC57-07	HEX-AGCCTCAACAGATTCTAGGAC CACACTATTGGCAGTCTCT	176～202	13	
Panel 7	MFA247	HEX-CACAACACCCAGGAGGAG ACTATGAGTTAGCAGGACGAC	301～341	15	57

A.3 PCR

A.3.1 PCR 反应体系和程序

采用多重 PCR 扩增试剂盒进行 PCR 实验。PCR 反应总体积为 12.5 μL，其中 10×Multi HotStart PCR Buffer 1.25 μL，dNTPs（2.5 mmol/L 每种）1 μL，Multi HotStart DNA 聚合酶（5 U/μL）0.25 μL，Primer Mix 1 μL（各引物的终浓度为 0.2 μmol/L），基因组 DNA（20 ng/μL）2 μL，纯水 7 μL。另加 10 μL 矿物油覆盖防止挥发。

PCR 反应程序：95℃预变性 15 min；94℃变性 30 s；54℃～59℃退火 90 s；72℃延伸 60 s；35 个循环；72℃继续延伸 10 min；扩增产物 4℃保存。

A.3.2 PCR 产物检测

PCR 产物经 2%琼脂糖凝胶电泳检测扩增效率。

A.3.3 PCR 产物的分型

取 0.5 μL PCR 产物和含分子量标准的上样缓冲液 9 μL 混合，95℃变性 5 min，立即置于冰上。变性产物经自动测序仪电泳收集荧光信号后形成峰图。应用 GeneMapper 软件对电泳数据进行处理，确定各微卫星位点 PCR 产物的片段大小和基因型。

A.4 统计分析

应用遗传分析软件对微卫星的分型数据进行处理，分析各位点的有效等位基因数、基因型频率、基因频率、观测杂合度、期望杂合度等，从而计算群体的平均观测杂合度和平均期望杂合度。根据 Hardy-Weinberg 定律，对各位点的基因型频率和基因频率进行卡方检验，可监测群体在各位点的平衡状态。

A.5 结果判定

当平均观测杂合度和平均期望杂合度在 0.5～0.7 时，所检群体为合格的封闭群东方田鼠群体。在某些位点偏离平衡状态的群体，应加强繁殖管理，避免近交。

参 考 文 献

高骏，倪丽菊，孙凤萍，等. 2016. 基于微卫星位点的中国 4 个野生东方田鼠群体的遗传多样性分析. 上海农业学报，32(3): 72-77.

倪丽菊，陶凌云，柏熊，等. 2011. 东方田鼠微卫星标记的富集筛选与初步应用. 遗传，33(9): 989-995.

ICS 65.020.30

B 44

中国实验动物学会团体标准

T/CALAS 102—2021

实验动物　小型猪饲养管理规范

Laboratory animal-Specification for breeding and management of minipig

2022-01-10 发布　　　　　　　　　　　　　　　　2022-01-10 实施

中国实验动物学会　发布

前　言

本文件按照 GB/T 1.1—2020《标准化工作导则　第 1 部分：标准化文件的结构和起草规则》的规定起草。

请注意本文件的某些内容可能涉及专利。本文件的发布机构不承担识别专利的责任。

本文件由中国实验动物学会归口。

本文件由全国实验动物标准化技术委员会（SAC/TC281）技术审查。

本文件由中国实验动物学会实验动物标准化专业委员会提出并组织起草。

本文件起草单位：广东省实验动物监测所、云南农业大学、海南省农业科学院畜牧兽医研究所、广东广垦畜牧集团股份有限公司。

本文件主要起草人：潘金春、王希龙、闵凡贵、袁晓龙、龚宝勇、董新星、晁哲、韩先桢、严达伟。

实验动物　小型猪饲养管理规范

1　范围

本文件规定了实验用小型猪饲养管理的术语和定义、人员、生产设施、舍内环境、管理制度、质量控制、饲养技术、繁育技术、卫生和防疫、废弃物及尸体处理、档案等要求。

本文件适用于实验用小型猪的饲养管理。

2　规范性引用文件

下列文件对于本文件的应用是必不可少的。凡是注明日期的引用文件，仅注日期的版本适用于本文件。凡是不注日期的引用文件，其最新版本（包括所有的修改单）适用于本文件。

GB 5749　　　　　　《生活饮用水卫生标准》

GB 8978　　　　　　《污水综合排放标准》

GB 14925　　　　　《实验动物　环境及设施》

GB/T 17824.1　　　《规模猪场建设》

GB/T 18773　　　　《医疗废物焚烧环境卫生标准》

NY/T 682　　　　　《畜禽场场区设计技术规范》

NY/T 65　　　　　　《猪饲养标准》

农医发〔2017〕25号　《病死及病害动物无害化处理技术规范》

DB11/T 828.1　　　《实验用小型猪　第1部分：微生物学等级及监测》

DB11/T 828.2　　　《实验用小型猪　第2部分：寄生虫学等级及监测》

3　术语和定义

以下术语和定义适用于本文件。

3.1

实验用小型猪 experimental minipig

经人工饲育，对其携带的病原微生物和寄生虫等实行质量控制，遗传背景明确或者来源清楚，用于科学研究、教学、检定及其他科学实验的小型猪。

4　人员

a）应配备相应的技术人员，并设置专职兽医。

b）所有从业人员均需定期体检，不适宜的人员应及时更换。

c）从业人员定期进行培训，培训内容包括但不限于实验动物专业知识与技能，实验动物生产繁育、饲养管理知识与技能，生产与实验规范，以及实验动物产业新技术及其发展趋势。实验用小型猪饲养人员上岗前应经过专业培训。

5　生产设施

5.1　选址原则

选址应符合 GB 14925、GB/T 17824.1 和 NY/T 682 的规定。

5.2　场区布局

场区布局、选址应符合《中华人民共和国动物防疫法》《畜禽遗传资源保种场保护区和基因库管理办法》及 NY/T 682、GB/T 17824.1 标准。

5.3　建筑要求

建筑应符合 GB 14925、GB/T 17824.1 标准。

6　舍内环境

舍内环境技术指标按照 GB 14925 执行。

7　管理制度

应制定一系列管理制度，包括猪场/实验室管理、人员管理、饲育管理、安全管理、防疫消毒、兽医管理及实验动物福利等一系列制度。

8　质量控制

参照 DB11/T 828.1 和 DB11/T 828.2 每 6 个月对小型猪进行 1 次健康检查。

9　饲养技术

9.1　饲养技术要点

9.1.1　建立日常巡视制度

每天上午、下午定期巡视，观察动物的临床特征，发现动物临床表现异常、死亡等情况时，应随时向兽医和管理人员报告，并采取治疗、隔离、消毒等相应的处理措施。

9.1.2　分群饲养

分群时把较弱小的猪留在原栏或原笼不动、较健壮的猪分出去，或头数少的猪留在原栏或原笼、头数多的分出去。并群后最初几天加强看护，防止咬架和发生意外。

9.1.3　饲养目标及标准

在不影响正常生长发育的前提下，适当控制增重，并应符合小型猪各阶段的营养需要与日粮营养浓度要求，小型猪饲养标准参照 NY/T 65 执行。

9.2 饲喂方法

9.2.1 投料时间和观察

一般每天上午、下午各进行 1 次投料。加料前，应检查剩料情况，发现剩料过多等异常情况，应查明原因，必要时应通知兽医或管理人员；加料时，应根据各栏舍动物肥瘦，适量添加。

9.2.2 "三看"和"三定"

9.2.2.1 看采食、看粪便和看状态

通过观察猪的采食表现、粪便状态及动态和精神状态，判断猪的健康状况，发现猪病、环境条件和饲养管理上的问题，以便及时处理。

9.2.2.2 定时

按年龄、季节和饲料性质决定猪的日喂次数与喂料时间。小猪日喂 3～4 次，中猪逐渐改为日喂 2～3 次。

日喂次数和时间固定后一般不作变动。

9.2.2.3 定量

猪以吃到八成饱为宜。正常情况下，每日每次喂猪的料量相同，喂料后几乎没有剩料。

9.2.2.4 定温

温度要保持稳定，温度指标应满足 GB 14925 要求。

9.2.3 加强猪群调教

要建立训练体系，训练猪群定位吃料、睡觉、排便。

9.2.4 饲料要求和添加青绿饲料

饲料在产品保质期内使用，应清洁干净、新鲜、无杂质、无异味、无霉变、无发酵、无虫蛀及鼠咬。可在日粮中适当添加青绿饲料，并对青绿饲料进行质量控制。

9.2.5 饲料改变

逐渐调整饲料或改变喂量时，每次以新料顶替旧料的 1/4，用 4 天时间换完，每天相应的新料喂料量为 1/4、2/4、3/4、4/4。

9.2.6 适当限制饲喂

饲料量，一般控制在自由采食的 80% 或在饲粮中加入难以消化的纤维质饲料，或增加青饲料，降低能量浓度，以控制体重。

9.3 饮水

应当符合城市生活饮水的卫生标准。猪舍内设自动饮水设备，要确保每只动物能饮到水。

10 繁育技术

10.1 种猪选择

所选个体必须遗传背景清楚，来源明确，有完整的繁育资料。皮色、毛色、头型、耳型、体躯结构等外貌符合本品种资源特征，身体结实强健，种用特征明显。

10.2 配种

按猪群保种繁育需要和生产计划制定配种计划，封闭群采用轮回交配辅以避免极度近交的随机交配方式选配种猪，近交系采用同胞交配辅以亲子交配方式选配种猪。

10.3 留种

根据生产性能和繁殖性能等结合同胞资料进行严格选种，实行各家系等数留种。

11 卫生和防疫

11.1 严控人流、物流

严格控制生产区的人流和物流，尤其是外来人员及物品的出入，采取有效措施，防控外来生物侵入与感染，减少病原生物的流入。

11.2 严控动物流

严格控制猪的进出，引入猪时，严格遵循检疫隔离制度。

11.3 免疫和驱虫

根据当地疾病流行情况制定免疫和驱虫计划，按免疫程序定期免疫，定期驱除体内外寄生虫。

11.4 做好消毒工作

猪场入口和栏舍门口设置消毒池等消毒设备，猪栏空出后和使用前清扫消毒，猪要在消毒后转入新栏。舍内要定期消毒，并做好清洁卫生工作。

11.5 定期开展杀虫灭鼠工作

严格落实灭鼠、灭蚊、灭蝇等工作计划和措施，定期开展杀虫灭鼠工作。

11.6 疫情处理

发生疫情时应执行《中华人民共和国动物防疫法》有关规定，立即向当地兽医主管部门、动物卫生监督机构或者动物疫病预防控制机构报告，并采取隔离等控制措施，防止动物疫情扩散。对患病猪采取样本送实验室检测，根据确定所患疾病进行进一步处理。已污染的及可能被污染的动物、环境和物品亦应彻底消毒。

邻近地区发生疫情时，必须严格封锁，并加强防疫消毒措施。

12 废弃物及尸体处理

废弃或淘汰猪应及时安乐死处理，尸体、医疗废物、污水及其他废弃物及时进行无害化处理。动物尸体处理参照农医发〔2017〕25号文件执行，医疗废物处理应达到 GB/T 18773

的要求，污水处理应符合 GB 8978 的标准。

13　档案

13.1　记录

准确及时记录人员进出、消毒、免疫及驱虫、配种、繁殖、出栏、健康检查、兽医护理等信息，原始记录和统计分析资料应系统、完整。

13.2　归档

各种资料应由专人负责，及时整理归档。具备条件的，可使用专用的信息管理系统。

————————————————

ICS 65.020.30

B 44

中国实验动物学会团体标准

T/CALAS 103—2021

实验动物 大型实验动物标识
技术规范

Laboratory animal-Technical regulation on identification of big laboratory animal

2022-01-10 发布

2022-01-10 实施

中国实验动物学会 发布

前　言

本文件按照 GB/T 1.1—2020《标准化工作导则　第 1 部分：标准化文件的结构和起草规则》的规定起草。

请注意本文件的某些内容可能涉及专利。本文件的发布机构不承担识别专利的责任。

本文件由中国实验动物学会归口。

本文件由全国实验动物标准化技术委员会（SAC/TC281）技术审查。

本文件由中国实验动物学会实验动物标准化专业委员会提出并组织起草。

本文件起草单位：广东省实验动物监测所、广东广垦畜牧工程研究院有限公司、肇庆创药生物科技有限公司、福州振和实验动物技术开发有限公司。

本文件主要起草人：王希龙、袁晓龙、闵凡贵、龚宝勇、潘金春、陈芳、刘艳薇、游毅、吕航。

实验动物 大型实验动物标识技术规范

1 范围

本文件规定了大型实验动物个体标识的范围、规范性引用文件、术语和定义、猪标识、猴标识、犬标识、建立档案、注意事项及附录等技术要求。

本文件适用于大型实验动物包括猪、猴、犬的资源保存、繁殖、生产、经营、利用、科研、委托饲养和管理等过程中的活体标记。

2 规范性引用文件

下列文件对于本文件的应用是必不可少的。凡是注明日期的引用文件，仅注日期的版本适用于本文件。凡是不注日期的引用文件，其最新版本（包括所有的修改单）适用于本文件。

GB/T 39759 《实验动物 术语》
NY/T 820—2004 《种猪登记技术规范》
NY 534—2002 《家畜用耳标及固定器》
ISO 11784 《动物的射频识别——代码结构》
ISO 11785 《动物的射频识别——技术标准》

3 术语和定义

以下术语和定义适用于本文件。

3.1

猪 swine

来源于野生和家养猪，经过人工饲养和培育而成的一类哺乳类实验动物。通常为小型猪。

注：动物分类学上属于哺乳纲偶蹄目野猪科猪属。

3.2

猴 monkey

来源于野生猴，经过人工饲养和培育而成的一类非人灵长类实验动物。常用的有恒河猴、食蟹猴等。

注：动物分类学上属于哺乳纲灵长目。

3.3

犬 dog

来源于家养犬，经过人工饲养和培育而成的一类哺乳类实验动物。

注：动物分类学上属于哺乳纲食肉目犬科犬属。

3.4

电子标识（电子芯片）electronic identification

为区分动物个体，将具有信息存储和处理能力的射频标识（radio frequency identification，RFID），植入动物体内或皮下后，可用专用阅读设备读取所含个体信息及数据。

3.5

电子耳标 electronic ear tag

为区分动物个体，固定在动物耳朵上具有编码的电子标识。

3.6

颈圈标识 collar ideatification

为区分动物个体，在动物颈部套上具有编码的标识。

3.7

文身标识 tattoo ideatification

为区分动物个体，在动物体表层皮肤部位文上编码的标识。

3.8

耳缺标识 ear tag ideatification

为区分动物个体，在动物耳朵的不同部位剪缺或穿孔编码的标识。

4 猪标识

4.1 个体编码原则

4.1.1 生产繁育编码

参照农业部（现农业农村部）《种猪登记技术规范》（NY/T 820—2004），个体编码由 10 位字母和数字组成：

  —— 前二位英文大写字母表示品种或品系；

  —— 第三到四位用公元年份最后两位数字表示个体出生时的年份；

  —— 第五到八位用数字表示场内窝序号；

  —— 第九到十位用数字表示窝内个体序号，雄性的尾数为奇数，雌性的尾数为偶数。

示例：

如 WZ20000102：WZ 表示品系为五指山小型猪，20 表示 2020 年出生，0001 表示 2020 年场内窝序号为第 1 窝，最后的 02 表示第 1 窝内第 1 个编码的雌性个体。

4.1.2 实验编码

用于常规实验的猪，可根据实验的类别、实验室号、实验名称、实验分组等编码标识。

4.2　个体标识方法

4.2.1　耳缺剪法
将个体编码用耳号钳在猪的耳朵上剪出缺口或穿孔进行个体区分，操作见附录 A。

4.2.2　耳标法
用耳号钳将具有个体编码的耳标固定在猪耳朵上进行个体区分，操作见附录 B.1。

4.2.3　电子标识（电子芯片）法
将已编码可区分猪个体的电子标识（电子芯片），用专用设备植入体内或皮下，进行个体区分，操作见附录 B.3。

5　猴标识

5.1　个体编码原则

5.1.1　基本原则
所有猴都必须具有一个终身识别的编码，且建立相应的个体管理档案。

5.1.2　个体编码规则
个体编码由 10 位字母和数字组成：
—— 前两位英文大写字母表示来源，如养殖场或供应商代码；
—— 第三至六位用公元数字表示出生年月，如××年××月；
—— 第七至九位表示场内当月猴出生的顺序号，雄性的尾数为奇数，雌性的尾数为偶数；
—— 第十位英文大写字母表示猴的种类。
示例：
如 CS1907001R：CS 表示养殖场或供应商代码，1907 表示 2019 年 07 月出生，001 表示当月出生序号为 1，尾数 1 表示该猴为雄性，R 表示恒河猴，系 rhesus monkey 的大写首字母。

5.1.3　实验编码
用于实验或研究的猴，可根据实验的类别、实验室号、实验名称、实验分组等编码标识。必须保留能够溯源的个体标识编码的对应表等记录资料。

5.2　个体标识方法

5.2.1　挂牌法
将已标有个体编码的项圈戴在猴颈部进行个体区分，操作见附录 B.2。

5.2.2　文身法
用文身设备将个体编码文在猴表层皮肤部位（如胸部、大腿内侧等）进行个体区分，操作见附录 C.2、C.3。

5.2.3　电子标识（电子芯片）法
将已编码可区分猴个体的电子标识（电子芯片），用专用设备植入体内或皮下，进行个体区分，操作见附录 B.3。

6　犬标识

6.1　个体编码原则

6.1.1　生产繁育编码

个体编码参照猴"5.1.2"个体编码规则执行。

示例：

如 ZH2001001B：ZH 表示犬场，2001 表示 2020 年 01 月出生，001 表示当月个体出生序号为 1，末尾 1 表示雄性，B 表示品种为比格犬，系 Beagle dog 的大写首字母。

6.1.2　实验编码

参照 5.1.3 执行。

6.2　个体标识方法

6.2.1　挂牌法

将印有编码的铭牌项圈悬挂于犬颈部进行个体区分，操作见附录 B.2。

6.2.2　文身法

将个体编码文在犬耳内侧皮肤上进行个体区分，操作见附录 C.1、C.3。

6.2.3　电子标识（电子芯片）法

参照 5.2.3 执行。

7　建立档案

7.1　信息录入

将动物个体的信息包括动物的品种(品系)、来源、个体编号、生产性能、免疫状况、健康状况等数据录入计算机。

7.2　档案建立

在后台计算机中建立档案，并在区域内建立动物数据库。具备条件的，应使用专用的信息管理系统。

8　注意事项

在给动物标识过程中，应注意以下事项。

a）及时准确地记录个体信息数据。

b）严格按照规范程序操作，并注意观察耳缺、耳标或植入芯片部位，如发现局部感染，应及时跟进处理。

c）重复使用的器材或设备（如耳号钳、文身器）等，每次使用前须进行消毒，避免交叉感染。

附　录　A

（规范性附录）

猪耳缺剪法

本附录规定了猪耳缺剪法的操作方法。

A.1　耳缺剪法

耳缺剪法是将编码按一定规则用耳号钳在猪的耳朵上剪缺口或穿孔，作为区分个体的标记。

耳缺剪法简单，成本低，适用于猪生产繁育和常规实验。

A.1.1　仪器设备

耳号钳、75%酒精棉球等。

A.1.2　方法

a）保定猪，耳朵用 75%酒精棉球消毒后按照剪耳规则在猪耳朵相应位置剪缺口或穿孔。

b）繁殖猪群可以参考 NY/T 820—2004 中推荐的方法剪耳缺（图 A.1），包括窝号和个体编码。

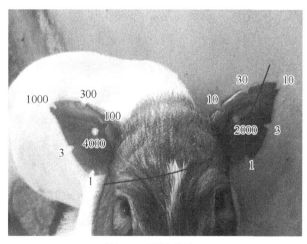

图 A.1　耳缺剪法 1

说明：正对猪头，实线左侧为窝号，右侧为个体号。左耳打孔表示场内窝号 4000，右耳打孔表示场内窝号 2000。该方法可以编到 7999 窝，每窝个体可以 0 到 19 号，适用于大中型养殖场或繁殖种群

c）实验室可以参考图 A.2 中的方法直接编码个体，也可使用实验室自定编码方法。

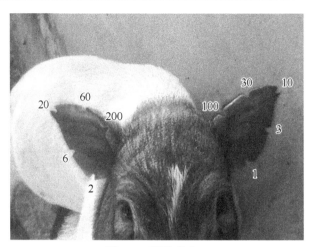

图 A.2　耳缺剪法 2

说明：正对猪头，如编号 150 号，则右耳上缘近耳根处剪一缺口（100），右耳上缘近耳尖处剪一缺口（30），左耳尖
　　　处剪一个缺口（20）。该方法最大编码 399，适用于常规实验室或小规模养殖场

　　d）为便于区分雄雌，可按奇偶数分别给雄雌个体编码，如奇数为雄性，偶数为雌性。

附　录　B

（规范性附录）

耳标法、挂牌法及电子标识的体内植入方法

本附录规定了大型实验动物耳标法、挂牌法及电子标识的体内植入操作方法。

B.1　耳标法

耳标法通过在动物耳上打上不同材质、写有编码的耳标，作为区分个体的标记。

耳标法较直观，适用于猪生产繁育和常规实验。

B.1.1　仪器设备

耳标、耳标钳、耳号笔、75%酒精棉球等。

B.1.2　方法

a）将相应的编码用耳号笔写在耳标上，晾干。

b）用 75%酒精棉球将耳部、耳标消毒，应尽量避开有较大血管的部位，用耳标钳将耳标固定在猪耳上。

c）使用过程中，发现耳标脱落应及时补打耳标。

d）对于需要留种的后备猪，可用耳缺法和耳标法双重标记标识个体，并做好记录。

B.2　挂牌法

将印有动物编码或装有电子芯片铭牌的项圈悬挂于动物颈部，作为区分个体的标记。

挂牌法适用于犬、猴等大型实验动物。

B.2.1　仪器设备

铭牌、项圈。

B.2.2　方法

a）用项圈串联铭牌。

b）将项圈佩戴在动物颈部。

B.3　电子标识（电子芯片）法

将载有个体信息的电子芯片植入动物皮下或体内，作为区分个体的标记。

该方法克服了传统标识方法易丢失、功能单一的缺陷，芯片有效期长，一次植入终生使用，适用于大中型养殖场、繁育场和特殊试验研究用。

B.3.1　仪器设备

a）硬件设备：电子耳标（质量符合农业部 NY 534—2002 等标准规定）或电子芯片（符合 ISO 11784/5 国际标准协议）、电子标识读写器、耳标钳或专用注射器、75%酒精棉球等。

b）系统软件：信息管理系统。

c）附加设备：计算机、打印机（可选）。

B.3.2 方法

a）消毒

植入部位用 75%酒精棉球擦拭消毒，电子耳标（电子芯片）、耳标钳、专用注射器等接触动物体的器具用 75%酒精棉球擦拭消毒或用 75%酒精浸泡。

b）植入

电子耳标：将含有个体信息的电子耳标套在耳标钳针上，使耳标钳弹簧片弹起，把耳标固定器放在耳标钳槽内。保定动物，使耳标的尖部与耳标固定器的圆孔相对应。将套有耳标和耳标固定器的耳标钳准确打入卡标部位，用力握钳柄。迅速放松钳柄，使耳标钳与耳标自然脱离。

电子芯片：取出要植入的套装芯片，查看芯片号码，用扫码机核验芯片号码和条码纸上的号码。将芯片装入注射器，保定动物，避开肌肉组织，在固定的一侧，如左侧或右侧，将针头刺入动物脊椎线上方与肩胛骨之间的皮下，用力平稳推压注射器手柄，将芯片注入动物体内。轻按注射点位，缓慢拔出针头。检查植入区域，确认芯片完全植入。

附　录　C

（规范性附录）

文　身　法

本附录规定了犬耳号文身法和猴文身法的操作方法与基本准则。

C.1　犬耳号文身法

在犬耳内侧皮肤文上编码。

C.1.1　仪器设备

耳号钳及耳号钉、刺青膏、75%酒精棉球、碘伏、棉签等。

C.1.2　方法

a）用75%酒精棉球擦拭消毒后将耳号钉安装在耳号钳上。

b）保定犬，暴露左耳或右耳内侧，用75%酒精棉球消毒耳内侧。

c）用耳号钳将耳号钉钳在犬耳内侧，若有出血，用棉签按压止血。

d）均匀涂抹刺青膏。

e）准确记录编码信息。

C.2　猴文身法

在猴类后肢内侧皮肤或胸腹部皮肤等部位文上编码的方法。

C.2.1　仪器设备

文身器、剃毛刀（器）、刺青膏、75%酒精棉球、碘伏、棉签等。

C.2.2　方法

a）用75%酒精棉球擦拭消毒文身器。

b）保定猴，暴露需要文身的部位。

c）用剃毛刀（器）将文身部位皮肤的被毛剃去，75%酒精棉球擦拭消毒。

d）用文身器准确地将编码文在文身部位，若有出血，用棉签按压止血。

e）均匀涂抹刺青膏。

f）准确记录编码信息。

C.3　基本准则

a）在进行文身的过程中，应遵守实验动物伦理福利的相关原则。

b）文身标记应遵循以下原则。

　　ⅰ）文身标记部位统一。

　　ⅱ）文身标记字体、字符统一。

　　ⅲ）文身标记器材统一。

c）文身标记应当清楚明晰，便于查阅。

d）文身标记使用的字母数字应有序、可查。

ICS 65.020.30

B 44

中国实验动物学会团体标准

T/CALAS 104—2021

实验动物　实验猴神经行为评价规范

Laboratory animal-Standard for neurobehavioral evaluation of experimental monkeys

2020-01-10　发布

2020-01-10　实施

中国实验动物学会　发布

前　言

本文件按照 GB/T 1.1—2020《标准化工作导则　第 1 部分：标准化文件的结构和起草规则》的规定起草。

请注意本文件的某些内容可能涉及专利。本文件的发布机构不承担识别专利的责任。

本文件由中国实验动物学会归口。

本文件由全国实验动物标准化技术委员会（SAC/TC281）技术审查。

本文件由中国实验动物学会实验动物标准化专业委员会提出并组织起草。

本文件起草单位：广东省实验动物监测所、中山大学、中国科学院深圳先进技术研究院、广西医科大学。

本文件主要起草人：李舸、晏婷、蒋自牧、黄忠强、李永超、刘竞丽、曾进胜、周晖晖、秦超、张钰。

实验动物　实验猴神经行为评价规范

1　范围

本文件规定实验猴的神经行为方法和指标要求。

本文件适用于生理和病理条件下基于实验猴开展的神经系统功能和临床前评价研究。

2　规范性引用文件

下列文件对于本文件的应用是必不可少的。凡是注明日期的引用文件，仅注日期的版本适用于本文件。凡是不注日期的引用文件，其最新版本（包括所有的修改单）适用于本文件。

GB 5749　　　《生活饮用水卫生标准》

GB 14922.1　《实验动物　寄生虫学等级及监测》

GB 14922.2　《实验动物　微生物学等级及监测》

GB/T 14924.2《实验动物　配合饲料卫生标准》

GB 14924.3　《实验动物　配合饲料营养成分》

GB 14925　　《实验动物　环境及设施》

GB 50447　　《实验动物设施建筑技术规范》

3　术语和定义

下列术语和定义适用于本文件。

3.1

神经行为评价 neurobehavioral evaluation

基于行为和认知的神经学原理，通过大体观察并结合仪器设备，以行为指标反映在生理或病理状态下神经功能的改变。

3.2

延迟记忆 delayed memory

基于大脑的奖赏效应，在条件反射过程中，利用食物等刺激信号引起动物大脑产生反应后，将刺激信号隐藏一段时间，动物大脑虽然对食物信号产生反应但无法立即获得食物，之后当食物信号再次出现时，通过观察动物对刺激信号的反应，测试动物工作记忆的方法。延迟记忆评价通常采用威斯康星通用测试装置进行。

3.3

威斯康星通用测试装置 Wisconsin general testing apparatus

威斯康星通用测试装置由猴饲养笼和评价台组成，评价台前放置两个以上食盒，用于评价动物大脑延迟和记忆功能，该装置在食盒与猴饲养笼之间有一可以自由升降的不透明隔板，食盒与实验员之间有一单向可视观察窗。实验开始时，实验员打开隔板，根据每只实验猴对食物的喜好，在其面前将食物随机放在其中 1 个食盒内，让动物观察食物的放置位置后，盖上盒盖并迅速放下隔板，开始计时，在设定的延迟时间到达之后，升起隔板，让实验猴选择盒内食物。实验人员记录动物选择的正确率。

3.4

前额叶认知功能 prefrontal cognitive function

个体适应动态环境变化的高级脑功能，用于进行逻辑思维、判断、计划和决策等，主要包括规划复杂的认知行为、个性表达、调节社会行为等复杂的认知功能。前额叶认知功能评价采用迂回取物装置进行。

3.5

迂回取物装置 object retrieval detour apparatus

迂回取物装置由饲养笼、具不同卡槽的导轨和单侧开口的透明食物盒子组成，实验前，实验人员在动物面前展示食物后，将食物放置于猴饲养笼前的导轨上，让动物自由伸手取食，随后将一侧开口的透明食盒放置在托盘上，将食物置于迂回训练装置的透明盒内，使其适应在迂回取物装置中透明食盒内放置不同方向伸手取食。实验人员记录选择的正确率和获取食物时间。

3.6

运动感知 motion perception

大脑在通过视觉、前庭感觉、躯体感觉等接收到感官刺激输入后，对特定刺激加工，进而产生特定的行为表现。运动感知行为评价采用山和谷阶梯任务装置进行，主要反映大脑空间感知和运动功能。

3.7

山和谷阶梯任务装置 hill and valley staircase task apparatus

阶梯任务装置由猴饲养笼、山阶梯(或谷阶梯)和人员观察挡板组成。山阶梯装置中，猴饲养笼正面树脂玻璃面板的左右两侧各开一个仅允许动物一只手通过的狭窄通道，面板外放置两个分别从左右两侧向中央位置逐渐上升的阶梯，阶梯共 5 层，并由一块树脂玻璃将两个阶梯完全隔开，实验时，动物仅能通过右手伸到右侧或左手伸到左侧的阶梯获取食物奖励。谷阶梯装置中，猴饲养笼正面树脂玻璃面板的中央开一个仅允许动物一只手通过的狭窄通道，面板外分别放置两个分别从左右两侧向中央位置逐渐下降的阶梯，阶梯共 5

层，实验时，动物仅能通过右手伸到左侧或左手伸到右侧的阶梯获取食物奖励。实验人员记录动物在阶梯上获得食物的情况，并统计得分。

4　主要设施和设备

4.1　设施

行为学评价实验室。

4.2　设备

威斯康星通用测试装置、迂回取物装置、山和谷阶梯任务装置。

5　饲养要求

5.1　动物寄生虫和微生物指标监测

实验动物寄生虫学等级及监测和微生物学等级及监测，应符合 GB 14922.1 和 GB 14922.2 的要求。

5.2　饲养环境

应符合 GB 14925 和 GB 50447 的要求。

5.3　饲料及饮水寄生虫和微生物指标

实验动物配合饲料卫生应符合 GB/T 14924.2 的要求，配合饲料营养成分应符合 GB 14924.3 的要求。饮用水应符合 GB 5749 的要求。

6　评价方法

6.1　神经功能基础评价方法

在安静环境中，由至少两名熟悉动物的观察人员分别按照附录 A 要求对动物的意识水平、感觉系统、运动系统、骨骼肌协调性等 4 个方面进行评价，评价总分为 100 分，统计参与人员评价分数的平均值进行判定。

6.2　延迟记忆评价方法

利用威斯康星通用测试装置进行延迟记忆评价。实验必须在安静环境中由熟悉动物的实验人员进行，测试前动物禁食 12 h 以内。

延迟记忆评价由训练和评价两个阶段构成，训练阶段，通过将食盒盖板小部分覆盖食盒、覆盖一半食盒、完全覆盖食盒的循序渐进方式训练动物学会移走盖板获取食物。当动物可以顺利从食盒中获取食物后，开始进行延迟训练，每只动物每天完成 1 个训练周期，每个训练周期由 5 个不同的延迟时间（$A \sim E$）组成，包括：$A=N \times 0=0$ s、$B=N \times 1=1N$ s、

$C=N\times2=2N$ s、$D=N\times3=3N$ s、$E=N\times4=4N$ s，N 为设定的基础值，以基础值设定为 1 为例，表示隔板在动物与食盒之间的延迟时间为 0 s、1 s、2 s、3 s、4 s，每个延迟时间在 1 个训练周期中重复 5 次，整个训练周期完成后统计该动物在该周期 25 次训练中选择正确食盒的平均正确率。以固定的 N 值至少进行 30 个训练周期，如果动物平均正确率达到 80%后，将基础值变为 $N+1$ 重复上述过程，直到 $N=4$，延迟时间最终为 0 s、4 s、8 s、12 s、16 s 的正确率达到 80%，表明该动物最终完成延迟记忆训练。

评价阶段，前 5 天以基础值 $N=4$ 对动物开展回忆性训练，熟悉测试装置，该数据不纳入最终结果，然后采用增加 N 值或增加食盒进行 5 天评价，计算正确率。

6.3 前额叶认知功能评价方法

利用迂回取物装置进行前额叶认知功能评价，实验必须在安静环境中由熟悉动物的实验人员进行。测试前动物禁食 12 h 以内。

训练阶段，透明食盒开口方向为朝左、朝右或面向动物，食物放置位置为食盒内靠近或远离开口侧，训练阶段实验人员依据附录 B 迂回取物测试顺序表的 16 个组合放置食物。如果动物能够顺利从每个组合中顺利连续取食，则视为训练成功。

评价阶段，前 5 天对动物开展回忆性训练，熟悉测试装置，该数据不纳入最终结果，之后实验猴每天按照附录 B 组合顺序进行 2 轮测试，每轮测试包含附录 B 中的 16 个组合，连续进行 5 天评价，计算一次获取食物的成功率和获取食物时间。

6.4 运动感知行为评价方法

利用山和谷阶梯任务装置进行运动感知行为评价。实验必须在安静环境中由熟悉动物的实验人员进行。测试前动物禁食 12 h 以内。

山阶梯任务装置评价空间感知和运动的脑区均位于大脑同侧，动物仅能通过右手伸到右侧或左手伸到左侧的阶梯获取食物奖励，谷阶梯任务装置评价空间感知和运动的脑区分别位于大脑异侧，动物仅能通过右手伸到左侧或左手伸到右侧的阶梯获取食物奖励并计分。两个装置的阶梯均为 5 层，从低到高每层阶梯对应的分数为 1、2、3、4、5 分，实验时，单次测试总分为 15 分。

山和谷阶梯任务由训练和评价两个阶段构成。训练阶段，实验人员在动物面前展示食物后，将食物奖励放置于山或谷装置一侧阶梯的每层上，让动物自由伸手取食，如果动物在 3 min 内均能够顺利地从阶梯的每层中取食，则视为训练成功。

评价阶段，前 5 天对动物进行回忆性训练，熟悉测试装置，随后连续进行 5 天评价，每天山或谷阶梯任务的左右侧分别进行 3 次测试，并将一侧 3 次得分相加后得到测试分数。

7 结果判定

7.1 神经功能基础试验结果

神经功能基础试验结果由意识水平（0～28 分）、感觉系统（0～22 分）、运动系统（0～32 分）、骨骼肌协调性（0～18 分）组成，评分为 0 表示动物神经功能正常，总分和各单项分数越高代表动物可能出现神经功能异常（见附录 A 表 A.1 神经功能评分表）。

7.2　延迟记忆试验结果

训练阶段，当动物在固定 N 值中连续 30 个训练周期平均正确率不能达到 80%以上时，该实验猴不宜进行记忆评价试验。

评价阶段，前 5 天以基础值 $N=4$ 进行回忆性训练，该数据不纳入最终结果。评价试验采用 $N=4$ 连续进行 5 天，计算选择食盒的平均正确率=每天选择食盒的平均正确率之和/5，正确率越低表明动物可能出现延迟记忆功能损伤。

7.3　前额叶认知功能试验结果

训练阶段，实验猴在连续 5 天不能顺利从附录 B 中每个组合成功获取食物且一次获取食物奖励平均成功率低于 80%，则该实验猴不宜进行前额叶认知功能评价试验。

评价阶段，实验猴每天按照附录 B 迂回取物测试顺序表的 16 个组合进行 2 次测试（见附录 B 表 B.1 迂回取物测试顺序表），连续进行 5 天评价，计算一次获取食物奖励的平均成功率=测试阶段每天获取食物奖励的平均成功率之和/5，并统计获取食物时间，成功率越低，获取食物时间越长，表明动物可能出现前额叶认知功能损伤。

7.4　检测方法

训练阶段，实验猴在连续 5 天的山和谷适应性训练中，每次能在 3 min 内顺利地从阶梯的每层中取食，则视为训练成功。如果不能顺利完成每个组合食物的获取，则该实验猴不宜进行运动感知行为评价试验。

评价阶段，实验猴连续进行 5 天，每天山或谷阶梯任务的左右侧分别进行 3 次测试，并将 3 次得分相加得到测试分数，总分为 45 分，最终根据 5 天的平均分数评价动物单侧上肢的运动功能。分数低表明动物可能出现运动感知功能损伤，同时，对比山阶梯和谷阶梯任务，可以初步判断运动和感知功能损伤出现在大脑同侧或异侧。

附　录　A

（资料性附录）

神经功能评分表

神经功能评分见表 A.1。

表 A.1　神经功能评分表

	评价类别	分数
意识水平	正常水平	0
	有意识并且具有攻击性	4
	有意识并且躲避	6
	有意识但不躲避	8
	嗜睡但刺激能唤醒	10
	昏睡，强烈刺激能睁眼	16
	木僵，持续刺激能唤醒	20
	轻度昏迷，反射运动存在	24
	深度昏迷，无任何运动	28
感觉系统	1）面部感觉（左侧/右侧）	
	触摸面部任何部位能持续反应	0/0
	存在但触摸面部任何部位无反应	3/3
	2）耳郭反射（左侧/右侧）	
	触动耳郭内外面能动耳朵	0/0
	存在，但触动耳郭内外面不能动耳朵	3/3
	3）疼痛反射（左侧/右侧）	
	对脚趾的痛觉刺激强烈，快速缩脚	0/0
	对脚趾的痛觉刺激迟钝，缓慢缩脚	3/3
	存在反应但不能缩脚	5/5
运动系统	1）上肢力量/活动（左侧/右侧）	
	正常	0/0
	力量减弱/活动减少	2/2
	偏瘫/废用	4/4
	2）下肢力量/活动（左侧/右侧）	
	正常	0/0
	能抬起膝盖/下肢能对抗重力	2/2
	能移动但不能抵抗重力	4/4
	偏瘫/废用	6/6

续表

评价类别		分数
运动系统	3）上肢肌张力（左侧/右侧）	
	正常	0/0
	痉挛性或迟缓性瘫痪	3/3
	4）下肢肌张力（左侧/右侧）	
	正常	0/0
	痉挛性或迟缓性瘫痪	3/3
骨骼肌协调性	行走正常	0
	轻度共济失调，行走时出现某些病损步态	4
	共济失调但能在铁丝网上爬行	6
	自发地站立，但走路时会跌倒	10
	坐着，能转圈	12
	向一侧斜卧着	16
	无运动	18

附录 B

（资料性附录）

迂回取物测试顺序表

迂回取物测试顺序表见表 B.1。

表 B.1　迂回取物测试顺序表

食盒开口方式及食物放置位置	难易度判断	是否成功	食盒开口方式及食物放置位置	难易度判断	是否成功
	简单			D	
	简单			D	
	简单			简单	
	困难			困难	
	简单			简单	
	困难			困难	
	简单			困难	
	简单			困难	

参 考 文 献

黄忠强, 刘书华, 关雅伦, 等. 2019. 非人灵长类单侧脑损伤模型运动感知行为的评价研究. 中国实验动物学报, (5): 577-582.

李舸, 刘晓霖, 陈锐, 等. 2017. 非人灵长类评价学习记忆功能的影响因素探讨. 中国比较医学杂志, (9): 24-29.

Chen X, Dang G, Dang C, et al. 2015. An ischemic stroke model of nonhuman primates for remote lesion studies: a behavioral and neuroimaging investigation. Restor Neurol Neurosci, 33(2): 131-142.

D'Ambrosio A L, Sughruem E, Mocco J, et al. 2004. A modified transorbital baboon model of reperfused stroke. Methods Enzymol, 386: 60-73.

Demain B, Davoust C, Plas B, et al. 2015. Corticospinal tract tracing in the marmoset with a clinical whole-body 3T scanner using manganese-enhanced MRI. PLoS One, 10(9): e0138308.

Kito G, Nishimura A, Susumu T, et al. 2001. Experimental thromboembolic stroke in cynomolgus monkey. J Neurosci Methods, 105(1): 45-53.

Marshall J W, Duffin K J, Green A R, et al. 2001. NXY-059, a free radical-trapping agent, substantially lessens the functional disability resulting from cerebral ischemia in a primate species. Stroke, 32(1): 190-198.

Ou L Y, Tang X C, Cai J X. 2001. Effect of huperzine A on working memory in reserpine- or yohimbine-treated monkeys. Eur J Pharmacol, 433(2-3): 151-156.

Roitberg B, Khan N, Tuccar E, et al. 2003. Chronic ischemic stroke model in cynomolgus monkeys: behavioral, neuroimaging and anatomical study. Neurol Res, 25(1): 68-78.

Rutten K, Basile J L, Prickaerts J, et al. 2008. Selective PDE inhibitors rolipram and sildenafil improve object retrieval performance in adult cynomolgus macaques. Psychopharmacology (Berl), 196(4): 643-648.

Sutcliffe J S, Beaumont V, Watson J M, et al. 2014. Efficacy of selective PDE4D negative allosteric modulators in the object retrieval task in female cynomolgus monkeys (*Macaca fascicularis*). PLoS One, 9(7): e102449.

Tsujimoto S, Sawaguchi T. 2002. Working memory of action: a comparative study of ability to selecting response based on previous action in New World monkeys (*Saimiri sciureus* and *Callithrix jacchus*). Behav Processes, 58(3): 149-155.

ICS 65.020.30

B 44

中国实验动物学会团体标准

T/CALAS 105—2021

实验动物 猕猴属动物行为管理规范

Laboratory animal-Guideline for *Macaca* behavioral management

2020-01-10 发布   2020-01-10 实施

中国实验动物学会 发布

前　言

　　本文件按照 GB/T 1.1—2020《标准化工作导则　第 1 部分：标准化文件的结构和起草规则》的规定起草。

　　请注意本文件的某些内容可能涉及专利。本文件的发布机构不承担识别专利的责任。

　　本文件由中国实验动物学会归口。

　　本文件由全国实验动物标准化技术委员会（SAC/TC281）技术审查。

　　本文件由中国实验动物学会实验动物标准化专业委员会提出并组织起草。

　　本文件起草单位：中国医学科学院医学实验动物研究所、中国科学院昆明动物研究所、莫泰科生物技术咨询（北京）有限公司、广西防城港常春生物技术开发有限公司、昆明理工大学灵长类转化医学研究院。

　　本文件主要起草人：秦川、孙秀萍、吕龙宝、李秦、张晓迪、覃子瑞、王宏、朱涛、张钰、余煊、张玲、窦长松、孔琪。

引　言

　　行为管理是促进圈养非人灵长类动物生理心理福利的重要手段。美国国家研究理事会（National Research Council，NRC）发布了 *Guide for the Care and Use of Laboratory Animals*（《实验动物管理和使用指南》，2011 年，第八版），欧盟发布了 EU Directive 2010/63/EU（《欧盟指令 2010/63/EU》），都充分考虑了非人灵长类动物物种特异的行为需求。2018 年，中国首部《实验动物　福利伦理审查指南》国家标准正式颁布，该标准吸收了国际公认的先进理念和审查原则，有效保障了实验动物福利和提高科学研究质量的有机统一。

　　本标准结合我国国情，参考我国文献、上述指南及 *Handbook of Primate Behavioral Management*（《灵长类行为管理手册》，Steven J. Schapiro，2017，CRC Press）等相关内容，编制而成。

实验动物 猕猴属动物行为管理规范

1 范围

本文件规定了猕猴属动物行为管理的要求。

本文件适用于实验用猕猴属动物，以恒河猴和食蟹猴为主。

2 规范性引用文件

下列文件对于本标准的应用是必不可少的，凡是注明日期的引用文件，仅所注日期的版本适用于本文件。凡是不注日期的引用文件，其最新版本（包括所有的修改单）适用于本文件。

GB 14925—2010 《实验动物 环境及设施》

GB/T 35892—2018 《实验动物 福利伦理审查指南》

T/CALAS 1—2016 《实验动物 从业人员要求》

T/CALAS 73—2019 《实验动物 福利伦理委员会工作指南》

3 术语和定义

下列术语和定义适用于本文件。

3.1

行为管理 behavioral management

通过社群饲养、环境丰富化和正向强化训练等方式，促进猕猴属动物表达物种特有行为，减少异常行为，改善其生理心理福利的综合策略。

3.2

社群饲养 social housing

通过群养方式，为猕猴属动物提供同种类间的社会接触，是圈养非人灵长类最重要的福利内容之一。

3.3

配对饲养 pair housing

两只同种动物饲养在同一个笼具中，是科学研究中常用的饲养方式。

3.4

保护性接触饲养 protected contact housing

动物通过部分开放的空间进行有限的身体接触，是配对饲养的补充形式。

3.5

单笼饲养 single housing

单只动物饲养在一个与周围相对隔离的笼具中，相邻笼具的动物无法相互接触，适用于隔离检疫、科学研究需要、动物社交相容性差、传染病状态等特殊情况。

3.6

间断性配对 intermittent pairing

动物单笼饲养时，采用部分时间进行配对的形式。

3.7

环境丰富化 environment enrichment

基于对动物自然行为的了解，构建和改善动物生存环境的动态过程，增加其行为选择机会和对环境的控制，诱导动物自然行为的产生，促进动物生理和心理发育，提高动物福利。

3.8

行为训练 behavioral training

由人类授意或指令，使动物在展示自然行为的基础上，改变其原有行为方式的过程。

3.9

正向强化训练 positive reinforcement training

基于操作性条件反射，动物完成目标行为后，立即给予偏好奖励，塑造动物的预期行为，是提高非人灵长类动物健康管理和保障科学研究质量的重要手段。

3.10

负向强化训练 negative reinforcement training

在目标行为之后立即撤回或减弱厌恶的活动或项目。

3.11

刻板行为 stereotypic behavior

动物持续处于某种环境中，进行的没有任何行为学功能的重复性行为，是动物对次优环境的一种应对机制，提示动物福利条件的不足。

3.12

自残行为 self-injurious behavior

动物对自身伤害，引发疼痛和组织损伤的一种异常行为。

3.13

抑郁行为 depressive behavior

动物出现自主活动下降、社会交流行为减少等异常行为。

4　饲养

4.1　基本原则

4.1.1　明确饲养行为管理目标
建立既满足动物福利要求，又符合科学研究目的的行为管理目标。

4.1.2　保障动物福利
饲养福利伦理应符合 GB/T 35892。

4.1.3　提前制定计划
预先制定饲养计划及临床干预方案。

4.1.4　提供所需资源
提供饲养所需资源，包括人员、设施、设备等。

4.1.5　进行持续评估
持续评估饲养过程和动物状况。

4.2　社群饲养行为管理要点

4.2.1　人员管理
a）实验动物医师、行为管理人员、饲养人员和研究人员应符合 T/CALAS 1 中有关要求。

b）实验动物医师在社群饲养前及社群饲养过程中，应与相关人员协商制定适宜的临床干预方案。

4.2.2　设施、设备管理
a）社群饲养环境及设施应符合 GB 14925—2010 中有关要求。

b）饲养设施要充分考虑动物与人的互动条件。

c）社群饲养空间有限时，应尽可能设置躲避场所，满足动物逃避动物和人类的自身保护需要。

4.2.3　动物管理
a）应识别并记录攻击性强、社会等级地位高的雄性动物，如攻击行为的频次、原因等，必要时移除群体。

b）谨慎移除受伤的动物，并避免由此引起社会等级地位变动。

c）动物在应激阶段，如检疫隔离期，应加强人工喂养。

d）由于行为测试等，社群饲养的动物需要短暂分离，建议将分离控制在最短时间，并增加福利措施，以缓解留在笼内的动物的焦虑。

e）社群饲养的动物由于研究等需要与同伴分离，面临分离压力，短期内不适宜进行研究工作，需要一定的隔离适应时间。

f）应在动物早期生长发育阶段，训练其熟悉并与人互动。

g）推荐非人灵长类动物幼崽在群居环境中，由母猴哺育，离乳年龄至少为1岁。

h）离乳前应对幼崽性格进行评估，抑制性的幼崽与母猴在一起生活的时间需超过1年。

i）应使用社交网络分析工具评估社群饲养稳定水平，揭示非人灵长类群体结构和动态变化，预测社会不稳定的多重因素。

4.3 配对饲养行为管理要点

4.3.1 人员管理

实验动物医师、行为管理人员、饲养人员和研究人员应符合 T/CALAS 1 中有关要求。

4.3.2 设施、设备管理

a）配对饲养环境及设施应符合 GB 14925—2010 中有关要求。

b）提供各种福利设施，如各种保护性栏栅或围栏，从属地位的动物可以逃脱的区域等。

4.3.3 动物管理

a）配对前应评估动物的年龄、性别、体重、行为、健康状况，以及实验研究目的及过程等。

b）两只成年雄性动物，若均表现为高度攻击行为，不适宜配对；两只成年雌性动物，性格温顺，容易配对成功；未成年动物在生长发育期，配对成功率高。

c）配对过程中不应机械按照配对方法的流程执行，需视动物的社会互动行为而定。新配对动物相容行为包括：行为互动、拥抱、理毛、一起玩耍、食物分享、共同参与感知到的威胁；新配对动物不相容行为包括：不进行空间和食物分享、恶性追逐，通过咬、抓、打等方式试图伤害对方，以及怒视的眼神接触、磨牙、张嘴威胁等。

d）成年雄性动物配对时，高危期为前三天。配对开始时，需要专人持续观察，直至两只动物无不相容行为，或由不相容行为转向各种相容行为，此后由持续观察转变为间歇观察。

e）成年雄性动物配对出现攻击行为时，应及时分笼，避免相互伤害。

f）动物配对后，饲养环境尽量保持不变。

4.4 单笼饲养行为管理要点

a）尽可能缩短单笼饲养时间。

b）尽可能为动物提供良性的视觉、听觉、嗅觉等刺激。

c）提供间断性配对及保护性接触机会。

d）在没有其他动物进行间断性配对等情况下，应采取更多样的环境丰富化措施。

e）工作人员应与单笼饲养的动物建立良好互动关系。

f）动物应定期释放到较大空间饲养。

g）行为管理人员对单笼饲养的动物应定期检查，并每隔30天重新进行评估，调整饲养策略。

5 环境丰富化

5.1 分类及评估方法

5.1.1 分类

5.1.1.1 物理要素丰富化

a) 结构性丰富化装置，如栖息架、秋千、假山等庇护设施及泳池等。

b) 耐用性丰富化物，动物可操作的物体，如麻布等布用物品、玩具、镜子、木棍等。

c) 可破坏性丰富化物，如旧报纸、旧杂志等。

5.1.1.2 觅食丰富化

在饲养设施内放置谷物、水果、蔬菜、坚果和麦片等食物。

5.1.1.3 感官丰富化

感官丰富化包括视觉丰富化、听觉丰富化、触觉丰富化、味觉丰富化。

5.1.1.4 认知丰富化

认知丰富化包括动物体验新奇事物、行为认知训练等。

5.1.2 评估方法

5.1.2.1 定性观察法

1. 直接观察法

直接观察动物是否回避、无视、接近或使用丰富化设施。

2. 痕迹观察法

观察丰富化环境的痕迹，如藏匿的食物是否被找到并取食，给动物提供的金属箱盖子是否掀开等。

5.1.2.2 定量观察法

1. 目标观察法

在规定的时间间隔内，观察同一只动物对同一种丰富化器材的不同行为次数，用于评估动物是否对这种丰富化器材感兴趣。

2. 瞬时扫描观察法

记录间隔时间点的动物行为，用来评估多种丰富化器材的优劣。

3. 全事件观察法

记录一段时间内，每一个行为发生的频次及持续时间，有至少两人完成，一人计时，一人记录。

5.2 基本原则

5.2.1 明确管理目标

建立既满足动物福利要求，又符合科学研究目的的丰富化管理目标。

5.2.2 保障动物福利及安全

a) 动物饲养空间是影响动物福利的关键因素，应符合 GB/T 35892—2018 有关要求。

b) 丰富化材料必须无毒无害，丰富化设备等要保障动物享用安全。

5.2.3 预先制定丰富化计划，并进行审核

a）需考虑动物的种类、习性、年龄、个体大小、经历及环境因素，合理配置丰富化要素，提前制定丰富化计划。

b）实验动物福利和使用管理委员会、实验动物医师和研究人员共同审核丰富化计划，确保丰富化对动物有益，并与动物使用的目标一致。

5.2.4 提供所需资源

提供环境丰富化所需资源，包括人员、设施、设备等。

5.2.5 小范围试用原则

新的丰富化项目应首先在小范围内试用，并进行安全性和有效性评估。

5.2.6 持续评估原则

a）持续对丰富化计划进行安全性和有效性评估，动态调整丰富化计划。动物由于科学研究、健康或福利问题不能参加丰富化时，实验动物医师应定期重新审查和评估。

b）对暂时不能进行丰富化的动物，建立动物丰富化免除数据库，并动态维护动物丰富化免除信息。

5.3 环境丰富化行为管理要点

5.3.1 物理丰富化

a）应有足够的空间，允许动物表达其自然的姿态及进行姿势调整。

b）庇护设施的建立应考虑设施高度、大小及视线角度等因素。

c）应在垂直空间中提供设备，供动物攀爬、探索以及受惊吓时可垂直逃离。

d）耐用性丰富化物如玩具等，必须无毒无害且不易被咬坏，并进行常规清洗和消毒，经常更换。

e）青春期动物更活跃，应提供空间较大的活动设施及丰富的福利设备。

5.3.2 觅食丰富化

a）食物种类应包含野生物种同类的食物，食物的形状、颜色及制作方式应多样化。

b）提供食物的方式应具有新奇性、多样性。

c）应增加喂食频次，分散喂食时间。

d）用于觅食丰富化的食物应定量，减少高热量食物，避免肥胖。

e）需确保动物在其生命周期所有阶段都能满足营养需求。

f）应诱导动物模仿野生环境觅食行为的方式，获得或处理每日的定量食物。

g）涉及测量摄食或热量摄入的研究可能会限制觅食丰富化，可使用非热量食物（如冰块）和（或）在觅食装置中提供受试动物的日常食物配给。

5.3.3 感官丰富化

5.3.3.1 视觉丰富化

a）应定期变换设施场景。

b）应安装高架观景台及监控装置，扩大动物的视野范围。

c）定时播放电影、视频。

5.3.3.2 听觉丰富化

a）应提供自然背景音乐、发声的丰富化物品等。

b）可配合提供三维空间中攀爬、摇摆和悬挂的机会，刺激前庭平衡的功能。

c）应谨慎选择音乐的音频水平，避免选择令动物厌烦的音乐，并监测动物的反应。

5.3.3.3　触觉丰富化

应提供不同材质和纹理的丰富化物，以及不同大小的触屏装置。

5.3.3.4　味觉丰富化

应适时、适量给予动物适当的甜点、汤羹、盐、冰棒、糖果等。

6　行为训练

6.1　基本原则

6.1.1　明确训练目标

需考虑科学研究的目的和过程，制定行为训练目标。

6.1.2　保障动物福利

参与行为训练动物的福利伦理应符合 GB/T 35892—2018 有关要求。

6.1.3　保障人员安全

采取安全防护措施，保障行为训练人员的安全。

6.1.4　制定并审核行为训练计划

a）需考虑动物的自然史和生物学特性、个体发育史和哺育经历、社会等级地位、实验动物医师的检查结果、科学研究过程等因素制定行为训练计划。

b）实验动物福利和使用管理委员会、实验动物医师、行为训练人员和研究人员共同审核行为训练计划。

6.1.5　行为训练准则

a）行为训练应先易后难，循序渐进。

b）行为训练应保持连贯性和固定性。

c）应使用正向强化训练（奖励），尽量减少负向强化训练。

6.1.6　定期持续评估训练方案

a）评估内容包括：动物对具体行为、训练者或环境的反应，实现目标的过程以及其他行为。

b）应定期持续评估，以寻找行为训练变化趋势。

c）及时调整行为训练计划。根据评估所得信息以及发展趋势，重新调整训练的目标和过程。

6.2　内容

a）友好接触训练。

b）基本检查配合训练。

c）疾病或伤口治疗配合训练。

d）简单给药配合训练。

e）简单采样配合训练。

f）简单运输配合训练。

g）熟悉实验环境训练。

h）简单保定配合训练。

i）基础运动行为训练。

j）基础认知行为训练。

6.3 行为训练管理要点

6.3.1 人员管理

a）行为训练人员应符合 T/CALAS 1—2016 有关要求。

b）训练人员需要进行严格培训，了解行为训练的理论和方法，熟练掌握训练程序，检查训练环境，记录训练内容及效果，发现问题，及时汇报。

c）训练人员需要有爱心、耐心、细心和责任心，与动物保持亲善、友好互动，能够熟练训练动物，在训练过程中根据动物的状态随时调整自己的训练内容，尽快达到行为训练目的。

d）训练人员应尽量固定，确保口令一致。

6.3.2 设施管理

训练场所保持安静且稳定的环境条件，避免出现任何条件的突然变化，如光线、人员、动物、异常声响甚至温湿度等。

6.3.3 动物管理

a）检查训练设施，准备训练工具。

b）了解动物训练前的状态，是否适合接受训练。

c）训练前对动物的性格进行评估，制定"个性化"行为管理对策和个体动物行为训练的进度表。

d）确定动物的饮食偏好。低价值奖励的食物可以用于训练完成简单的任务，高价值奖励的食物可用于训练更复杂的任务。

e）细心观察动物的情绪变化和行为反应，若动物情绪不稳定，应及时停止训练。

f）动物在行为训练过程中，可能形成新的刻板行为，需要在训练过程中及时纠正。

7 异常行为

7.1 异常行为分类

7.1.1 自残行为

动物的自残行为包括撞头、伤害性拔毛、咬伤自己身体某一部位等。猕猴属实验动物的自残行为描述见附录 A。

7.1.2 刻板行为

动物的刻板行为包括连续长时间绕圈、踱步、跳跃、摇摆等或其他自主动作，如自抱、自吮、自抓、遮眼睛、戳眼睛、拔毛等。猕猴属实验动物的刻板行为描述见附录 A。

7.1.3 抑郁行为

动物的抑郁行为包括动物垂头、头部低于肩膀、身体蜷缩、手臂搭在身前或自己抱团、眼睛睁开、对外界刺激反应降低等。

7.2　异常行为的诱发因素

7.2.1　社会因素

　　a）过早离乳。

　　b）人工哺育。

　　c）社会等级地位较低。

　　d）与同伴分离。

　　e）单笼饲养。

7.2.2　环境因素

　　a）室内饲养。

　　b）长期处于房间入口和笼架底层的饲养笼。

　　c）重复采集样品。

　　d）频繁更换饲养房间。

7.2.3　年龄因素

　　幼年和青少年动物更容易发生自残行为；刻板行为则会随年龄增加而逐渐减少。

7.2.4　性别因素

　　雄性恒河猴比雌性恒河猴更容易发生刻板行为和自残行为。

7.3　异常行为记录内容

　　a）记录自残行为时，实验动物医师需要评估伤口是动物自己损伤，而非其他可能的原因。

　　b）异常行为发生的时间、地点。

　　c）异常行为的特点：行为症状、发生频率、持续时间、严重程度。

　　d）异常行为发生的饲养环境记录：声音、光线、温湿度等。

　　e）异常行为发生的其他记录：饲养人员、实验人员、其他动物等。

7.4　异常行为防治要点

7.4.1　预防

　　动物出生由母猴哺育，1 岁以后离乳，幼年及青少年时期进行社群饲养，避免同伴分离和单独饲养。

7.4.2　干预

　　a）若动物出现表皮损伤、撕裂伤等，实验动物医师需要根据情况，进行外科处理。

　　b）确定并撤除可能的压力来源。

　　c）提供多样化的环境丰富化措施。

　　d）药物治疗。

　　阶段性使用抗焦虑药物、抗精神病药物、抗抑郁药物等。药物不能治愈动物的异常行为，其效果存在个体差异，停药后可能复发。

附录 A　猕猴属实验动物的异常行为描述

（资料性附录）

种类	行为	行为描述
刻板行为（全身运动）	踱步	以同样的模式，来回走动或转圈
	跳跃	双脚离地，快速上下跳动
	旋转	沿着一个支点，重复旋转身体
	摇摆	在一个固定的位置，重复晃动身体
	翻转	利用笼子的侧面或上面重复向前或向后翻跟头
	撞头	重复[a]并强有力地将头撞向某个物体
	重复地舔	无明显诱因地过长时间或过多地用舌头舔物体表面
	其他重复性动作	其他不符合上述行为的重复动作
	自抱	动物用手和（或）脚抱自己的身体
	自吮	动物吮吸自己身体的一部分，包括手指、尾巴或生殖器
	戳/遮眼睛	"敬礼"姿势，通常伴有指关节或手指按压眼眶
自残行为	伤害性拔毛	动物用手或牙齿拔除毛发，通常伴有毛发的食入
	自咬	动物啃咬自己身体的某一部位。自咬部位主要为手臂或腿部
	自伤	动物击打或抓取自己身体的任意部位
其他异常行为	食粪癖	摄取粪便入口
	饮尿癖	舔舐或吞咽自己的尿液
	涂抹排泄物	将粪便涂抹和（或）摩擦到墙或笼子表面
	反刍	已经咽下的食物返流；反刍的食物可能在嘴里，并且重新再吞咽摄取
	孤僻	倾斜或蜷缩的姿势，经常双目无神，对环境刺激无反应

备注：[a]重复=至少 2 或 3 次，取决于目前设施的标准

参 考 文 献

科学技术部. 2006. 关于善待实验动物的指导性意见. 国科发财字〔2006〕第 398 号.

中国实验动物学会. 2017. T/CALAS 2—2017 实验动物　术语.

中国实验动物学会. 2018. T/CALAS 62—2018 实验动物　猕猴属动物饲养繁育规范.

中国实验动物学会. 2018. T/CALAS 63—2018 实验动物　猕猴属动物质量管理规范.

中华人民共和国国家质量监督检验检疫总局，中国国家标准化管理委员会. 2017. GB/T 20001.5—2017 标准编写规则　第 5 部分: 规范标准.

Schapiro S J. 2017. Handbook of Primate Behavioral Management. Boca Raton: CRC Press.

ICS 65.020.30

B 44

中国实验动物学会团体标准

T/CALAS 106—2021

实验动物 结肠小袋纤毛虫核酸检测方法

Laboratory animal-Nucleic acid detection method of *Balantidium coli*

2022-01-10 发布 2022-01-10 实施

中国实验动物学会 发布

前　言

本文件按照 GB/T 1.1—2020《标准化工作导则　第 1 部分：标准化文件的结构和起草规则》的规定起草。

请注意本文件的某些内容可能涉及专利。本文件的发布机构不承担识别专利的责任。

本文件由中国实验动物学会归口。

本文件由全国实验动物标准化技术委员会（SAC/TC281）技术审查。

本文件由中国实验动物学会实验动物标准化专业委员会提出并组织起草。

本文件起草单位：广西壮族自治区兽医研究所。

本文件主要起草人：谢永平、贺会利、冯世文、潘艳、李军。

实验动物 结肠小袋纤毛虫核酸检测方法

1 范围

本文件规定了实验动物结肠小袋纤毛虫核酸检测方法。

本文件适用于实验室对实验动物（猴、鼠、兔等）粪中的结肠小袋纤毛虫核酸的快速检测。

2 规范性引用文件

下列文件对于本文件的应用是必不可少的。凡是注明日期的引用文件，仅注日期的版本适用于本文件。凡是不注日期的引用文件，其最新版本（包括所有的修改单）适用于本文件。

GB 19489　　《实验室　生物安全通用要求》

GB/T 6682　　《分析实验室用水规格和试验方法》

NY/T 541　　《动物疫病实验室检验采样方法》

GB/T 27401　《实验室质量控制规范　动物检疫》

《兽医实验室生物安全管理规范》（中华人民共和国农业部公告第 302 号）

3 术语和定义

下列术语和定义适用于本文件。

3.1

环介导等温扩增 loop-mediated isothermal amplification，LAMP

简称 LAMP，是一种新型恒温核酸扩增方法。LAMP 法的特征是针对靶基因上的 6 个区域设计 4 条引物，利用链置换活性 DNA 聚合酶在恒温条件下进行扩增反应，可在 15 min～60 min 内完成扩增，用于病原体的快速鉴定。

3.2

特异性引物 specific primer

针对特定模板 DNA 片段设计一段寡核苷酸，在反应中与模板 DNA 特异性结合。

4 试验材料

4.1 引物

根据结肠小袋纤毛虫（*Balantidium coli*）的 18S rRNA 基因设计引物，内引物

（xmc-FIP、xmc-BIP）使用量为 40 pmol，外引物（xmc-F3、xmc-B3）使用量为 5 pmol。使用前先用无 RNase 去离子水稀释。引物稀释后分装成小剂量置于–20℃保存备用。引物序列及无 RNase 去离子水的配制见附录 A。

4.2 仪器设备及耗材

a）灭菌试管（0.5 mL 或者 1.5 mL）。

b）微量移液器（量程：0.5 μL～10 μL、10 μL～100 μL、20 μL～200 μL、100 μL～1000 μL）。

c）生物安全柜。

d）–20℃冰箱。

e）简易微量离心机。

f）Loopamp 实时浊度仪 LA-320c。

g）冰（碎冰）及冰盒。

h）无菌的密封袋。

i）棉拭子。

j）烧杯：100 mL。

k）离心管：1.5 mL、2.0 mL。

l）LAMP 反应管：200 μL。

m）移液器吸嘴：1000 μL、200 μL、10 μL 等多种规格。

n）一次性手套。

o）采样试管（5 mL、10 mL）。

p）试管架。

4.3 试剂

1. 粪便基因组 DNA 试剂盒

用于粪便基因组 DNA 的提取试剂（商品化试剂盒产品）。

2. Loopamp®扩增反应试剂盒

Loopamp®扩增反应试剂（商品化试剂盒产品）。

LAMP 试剂如下：2 ×反应缓冲液［Tris-HCl（pH 8.8）40 mmol/L、KCl 20 mmol/L、$MgSO_4$ 16 mmol/L、$(NH_4)_2SO_4$ 20 mmol/L、吐温-20（Tween20）0.2%、乙酸三甲铵内盐 1.6 mol/L、dNTPs （2.8 mmol/L 每种）］、Bst DNA 聚合酶、去离子水（DW）、阳性对照 DNA、引物溶液 DNA。

3. 阳性对照 DNA

用限制性内切核酸酶 *Hin*d Ⅲ消化 λ 噬菌体 DNA 后，取其片段（6.557 bp）重组入质粒所得。

4. 阴性对照

阴性对照使用灭菌去离子水。

5 样品采集、运输、处理

5.1 样品采集、运输、处理和检测的生物安全要求

有关生物安全和防止交叉污染的措施见附录 B。

5.2 样品采集

戴一次性手套用棉拭子采集新鲜的实验动物粪便,每份 2.0 g~5.0 g,装入无菌的密封袋或者试管中。采样过程中应戴一次性手套,采样过程中样本间避免交叉污染。每份样品标记样品编号、名称、采样时间、采集单位。

5.3 样品保存和运输

采集的样品在常温条件下保存应不超过 72 h,长期保存装入灭菌容器内 4℃保存,4℃保存期不超过半个月。

样品运送应放在一个不透水、防泄漏的容器内,保证完全密封。所有样品应随附送样单,包括样品提交人、样品来源地、动物种类和年龄、与动物有关的病史以及联系方式等。

5.4 样品预处理

取待检实验动物的新鲜粪便 2.0 g~5.0 g,置于灭菌烧杯充分搅匀,称取搅拌后的粪便样本 100 mg~300 mg 至 2 mL 离心管中用于 DNA 提取或置于–20℃保存备用。

6 操作程序

6.1 待检样品 DNA 提取

将 5.4 预处理的粪便样本称取 100 mg~300 mg 至 2 mL 离心管中,按粪便基因组 DNA 提取说明书提取模板 DNA,获得 50 μL DNA。所提取的模板 DNA,直接放入 PCR 管中进行后续反应或置于–20℃保存备用。

6.2 LAMP 样品反应体系配制

1. LAMP 样品反应体系

2×反应缓冲液	12.5 μL
Bst DNA 聚合酶	1 μL
xmc-F3	5 pmol
xmc-B3	5 pmol
xmc-FIP	40 pmol
xmc-BIP	40 pmol
去离子水(DW)	补足 23 μL。

分装后,放入微量离心机中离心数秒(瞬时离心),以此作为预混溶液,配制好的预

混溶液立即使用。

2. 对照反应体系

2×反应缓冲液	12.5 μL
引物溶液 DNA	2.5 μL
Bst DNA 聚合酶	1 μL
去离子水（DW）	补足 23 μL。

6.3 预混溶液与样本溶液混合

添加样本溶液（结肠小袋纤毛虫 DNA）2 μL，使总量达到 25 μL，对照反应中，阴性对照使用去离子水 2 μL，阳性对照使用阳性对照 DNA 2 μL，合上盖子轻击使溶液充分混匀后瞬时离心。

6.4 上机检测

将已配制好、分装完毕的反应管置于实时浊度仪密闭进行，浊度仪实时监控扩增情况，反应程序为 63℃保持 60 min，之后 85℃灭活 5 min。

7 结果判定

实时浊度仪实时监测反应扩增情况，仪器通过读取反应管的浊度值绘制浊度曲线，在阴阳性对照成立的情况下，样品反应管出现浊度上升曲线的为阳性结果，没有出现浊度上升曲线的为阴性结果（见附录 A.5）。

附　录　A

（规范性附录）

特异性引物序列及检测结果图示

A.1　结肠小袋纤毛虫引物扩增的目的基因

目的基因：18S rRNA 基因。

A.2　结肠小袋纤毛虫外引物

xmc-F3：AGAGTGTTTCAAGCAGGC

xmc-B3：TCTTTGATCCCCTATCTTTCG

A.3　结肠小袋纤毛虫内引物

xmc-FIP：CAACTGTCCCTATTAATCGCAATCTTACATTAGCATGGAATAACGAAT

xmc-BIP：AATTGTCAGAGGTGAAATTCTTGGATTAATGAAAACATCCTTGGCA

A.4　无 RNase 去离子水的配制

去离子水加入 0.1% 的焦碳酸二乙酯（DEPC）混合均匀，室温静置过夜，121℃高压灭菌 15 min，冷却备用。

A.5　LAMP 检测结果图示

LAMP 检测结果如图 A.1 所示。

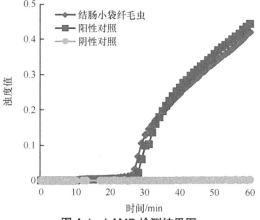

图 A.1　LAMP 检测结果图

附 录 B

（规范性附录）

操 作 规 范

B.1 检测过程中防止交叉污染的措施

B.1.1 采样和制样过程

采样和制样工具，应清洗干净，121℃下 15 min～20 min 灭菌，一套清洁工具仅限于一个样品使用。存放样品的容器应该经过清洗、灭菌，或为灭菌一次性容器。

B.1.2 检测过程

B.1.2.1 PCR 实验室应分出试剂准备区、样品制备区、产物扩增区、产物分析区。将模板提取、LAMP 反应液配制、LAMP 扩增及鉴定等步骤分区或分室进行。实验室的操作流程应从"清洁区"到"污染区"单方向进行。

B.1.2.2 实验过程中，穿实验服和戴手套，手套应及时更换。各区应有专用实验服，定期清洗。

B.1.2.3 各区所有的试剂、器材（尤其是移液器）、仪器都应专用且不得带出该区。

B.1.2.4 所有溶液、水、耗材和器具需 121℃下 15 min～20 min 灭菌，避免核酸和（或）核酸酶污染。

B.1.2.5 样品制备区中，在生物安全柜中加入 LAMP 反应各组分。

B.1.2.6 实验前后，实验室用紫外线消毒以破坏残留的 DNA 气溶胶。

B.1.2.7 样品采集、运输和处理的生物安全要求，按照 GB 19489、GB/T 27401 和《兽医实验室生物安全管理规范》的规定。

ICS 65.020.30

B 44

中国实验动物学会团体标准

T/CALAS 107—2021

实验动物　钩端螺旋体PCR检测方法

Laboratory animal-PCR method for *Leptospira*

2022-01-10　发布

2022-01-10　实施

中国实验动物学会　发布

前　　言

本文件按照 GB/T 1.1—2020《标准化工作导则　第 1 部分：标准化文件的结构和起草规则》的规定起草。

请注意本文件的某些内容可能涉及专利。本文件的发布机构不承担识别专利的责任。

本文件由中国实验动物学会归口。

本文件由全国实验动物标准化技术委员会（SAC/TC281）技术审查。

本文件由中国实验动物学会实验动物标准化专业委员会提出并组织起草。

本文件起草单位：中国农业科学院哈尔滨兽医研究所、公安部南昌警犬基地。

本文件主要起草人：韩凌霞、刘占斌、叶俊华。

实验动物 钩端螺旋体 PCR 检测方法

1 范围

本文件规定了部分实验动物的钩端螺旋体 PCR 检测方法中的样品采集与储存、样品处理、基因组 DNA 提取、PCR 反应和结果判定。

本文件适用于部分实验动物的钩端螺旋体核酸检测。

2 规范性引用文件

下列文件中的内容通过文中的规范性引用而构成本文件必不可少的条款。其中，注日期的引用文件，仅该日期对应的版本适用于本文件；不注日期的引用文件，其最新版本（包括所有的修改单）适用于本文件。

GB 19489　　《实验室　生物安全通用要求》

GB/T 35823　《实验动物　动物实验通用要求》

GB/T 35892　《实验动物　福利伦理审查指南》

NY/T 541　　《兽医诊断样品采集、保存与运输技术规范》

NY/T 1673　《畜禽微卫星 DNA 遗传多样性检测技术规程》

《中华人民共和国生物安全法》　［中华人民共和国主席令（第五十六号令）］

3 术语和定义

以下术语和定义适用于本文件。

3.1

钩端螺旋体 *Leptospira*

钩端螺旋体，简称钩体，呈螺旋状，一端或两端弯曲呈钩状或问号状，长 4 μm～20 μm，旋转式运动活泼，具有较强的组织穿透力。根据抗原结构成分和交叉凝集试验可分为多个血清型和血清群，引起家畜发病的有波摩那型、犬型、秋季热型、出血黄疸型、澳洲型、流感伤寒型等。可感染几乎所有温血动物，鼠类是最重要的储存宿主，引起发热、黄疸、血红蛋白尿、出血性素质、流产、皮肤和黏膜坏死以及水肿等。

3.2

16S rDNA

原核核糖体 16S 亚基基因，是所有原核生物基因组中编码核糖体 RNA（rRNA）的序列，具有高度的种属特异性，常被用来作为原核生物分类的依据。

4 样品采集前的准备

4.1 风险评估与控制

按照《中华人民共和国生物安全法》和 GB 19489 的规定对被检实验动物的检测风险进行评估与控制。

4.2 生物安全

动物采样时的实验室管理、实验条件、实验动物质量、基本技术操作应符合 GB/T 35823 的规定。

4.3 动物福利伦理

动物采样时的福利与伦理，应符合 GB/T 35892 的规定。

5 样品采集与储存

5.1 血液

a）疑似动物感染钩端螺旋体后一周内或正处发热期，可采集抗凝血。

b）犬和猪宜通过前臂头静脉或颈静脉采集，动物的保定和采集步骤按照 NY/T 541 执行。

c）小鼠可通过尾静脉或颌下静脉采集，采血过程符合 GB/T 35892 的规定。

d）采用肝素钠抗凝管收集血液时，至少应采集 0.25 mL 血液；采用 5%柠檬酸钠溶液抗凝时，血液量应比抗凝剂多 4 倍，总体积至少 1 mL。

5.2 尿液

a）出现黄疸、发热体温升高后恢复正常、呕吐等疑似感染钩端螺旋体的动物，或者无症状但需要检测时，可采集尿液。尿液的体积以 0.5 mL～5 mL 为宜。

b）采取膀胱穿刺法对犬和猪取尿时，将动物取仰卧位保定，手触摸确定膀胱位置，依据 NY/T 541 的规定进行表皮消毒，将一次性注射器针头垂直刺入皮肤进入膀胱，抽取尿液。有条件的可以在超声引导下膀胱穿刺取尿。已剖检的动物可直接用注射器刺入膀胱取尿。

c）利用导尿管收集尿液时，犬和猪可侧卧或仰卧位保定，依据 NY/T 541 的规定对尿道口常规消毒，选取大小合适的导尿管从尿道口缓慢插入膀胱，待尿自动流出接取，或将导尿管连接注射器抽取。

d）直接接取尿液时，可将适当大小的无菌离心管或容器，用绳固定在阴茎下或外阴部，接取尿液。按照 NY/T 541 的操作执行。

e）抓取小鼠时，若动物受应激排尿，尿液粘在被毛上，也可用移液器直接吸取。

5.3 脑脊液

对小鼠可采集脑脊液，参照 NY/T 541 的规定执行。

5.4 肾组织

死亡 2 h 以内的动物，从背侧或腹侧打开死亡动物腹腔，完整取下肾，用密封袋移至实验室备用。

5.5 样品的储存

a）所有采集的样品，宜在 2 h 内提取核苷酸，否则应置于–80℃保存。

b）详细记录材料名称、来源、采集时间、地点、采集人和保存条件。

6 样品处理

6.1 抗凝血

抗凝血 800 g 离心 10 min，取血浆 4℃下 13 000 g 离心 10 min，弃上清。沉淀用 100 μL 灭菌水再悬浮，96℃加热 10 min 后备用。

6.2 尿液

尿液经 800 g 离心 10 min，除去膀胱上皮细胞和尿结晶等大颗粒。上清液 4℃下 13 000 g 离心 10 min，弃上清。沉淀用 100 μL 灭菌水再悬浮，96℃加热 10 min 后备用。

6.3 脑脊液

脑脊液 800 g 离心 10 min，取上清液 4℃下 13 000 g 离心 10 min，弃上清。沉淀用 100 μL 灭菌水再悬浮，96℃加热 10 min 后备用。

6.4 肾组织

剪取肾组织约 100 mg，加 1 mL 磷酸盐缓冲液（PBS），研磨成组织匀浆。将匀浆液 800 g 离心 10 min，去除大的组织块，上清液 4℃下 13 000 g 离心 10 min，弃上清。沉淀用 100 μL 灭菌水再悬浮，96℃加热 10 min 后备用。

7 基因组 DNA 提取

按照 NY/T 1673 中的苯酚氯仿法，或商品化试剂盒的产品说明书提取样品 DNA，紫外分光光度计测定 DNA 的浓度和纯度，浓度＞50 ng/μL，纯度 $OD_{260}/OD_{280}=1.6\sim1.8$ 时可用于检测。

8 PCR 反应

8.1 引物序列

F：5′-GGCGGCGCGTCTTAAACATG-3′

R：5′-TTCCCCCCATTGAGCAAGATT-3′

扩增产物的长度应为 331 bp。

8.2 反应体系

DNA 模板 1.5 μL，引物 F（10 μmol/L）1 μL，引物 R（10 μmol/L）1 μL，*Taq* mix 酶 12.5 μL，ddH$_2$O 9 μL，总体积 25 μL。

8.3 反应条件

94℃ 3 min；63℃ 1.5 min，72℃ 2 min；94℃ 1 min，63℃ 1.5 min，72℃ 2 min，共 29 个循环；72℃延伸 10 min。设用无菌水作为模板的空白对照。

8.4 产物检测

a）反应结束后，取 10 μL PCR 产物与上样缓冲液混合，于 1%琼脂糖凝胶中电泳。每个样品加样量为 10 μL，同时以 DNA 分子质量标准物为参照。150 V 恒压电泳 25 min，成像观察结果。

b）将全部 PCR 产物直接进行核苷酸测序，测序引物可使用 F 或 R。测序结果通过美国国家生物信息学数据库（NCBI）GenBank BLAST 序列比对，与登录号为 CP020414.2（核苷酸序列见附录 A）或其他收录有钩端螺旋体 16S rDNA 的数据库进行序列同源性比对。

9 结果判定

9.1 电泳结果判定

a）空白对照没有扩增出条带，结果可继续判定。

b）被检样品仅在约 331 bp 处出现唯一清晰条带，结果判为阳性。

c）被检样品未出现条带，或条带的分子量明显不符合 331 bp，结果判为阴性。

9.2 序列结果判定

测定的核苷酸序列与数据库提供的钩端螺旋体 16S rDNA 序列（参见附录 A）的同源性为 100%，判定结果为阳性。

附　录　A

（资料性附录）

钩端螺旋体 16S rDNA 的序列及比对

A.1　钩端螺旋体 16S rDNA 的序列

钩端螺旋体 16S rDNA 长 331 bp，基因组序列如下，其中首尾端的斜体部分为 PCR 扩增用引物同源序列。

*5'-TTCCCCCCATTGAGCAAGATT*CTTAACTGCTGCCTCCCGTAGGAGTATGGACCG
TGTCTCAGTTCCATTGTGGCCGAACACCCTCTCAGGCCGGCTACCGATCGTCGCCTT
GGTGAGCCTTTACCTCACCAACTAGCTAATCGGACGCGGGCTCATCTCCGAGCAATA
AATCTTTACCCGAAAAATCTTGTGATCTCTCGGGACCATCCAGTATTAGCTTCCCTTT
CGGAAAGTTATCCCAGACTCAGAGGAAGATTACCCACGTGTTACTCACCCGTTCGCC
GCTGAGTATTGCTACTCCGCTTGACTTG*CATGTTTAAGACGCGCCGCC-3'*。

A.2　与哥本哈根型标准株 FDAARGOS_203 的序列比对结果

Leptospira interrogans serovar Copenhageni strain FDAARGOS_203 chromosome, complete genome
Sequence ID: CP020414.2 Length: 4280582 Number of Matches: 2

Range 1: 3520502 to 3520832 GenBank　Graphics　　　　　▼ Next Match　Previous Match

Score	Expect	Identities	Gaps	Strand
606 bits(328)	2e-169	330/331(99%)	0/331(0%)	Plus/Minus

```
Query  1       TTCCCCCCATTGAGCAAGATTCTTAACTGCTGCCTCCCGTAGGAGTATGGACCGTGTCTC  60
               ||||||||||||||||||||||||||||||||||||||||||||||||||||||||||||
Sbjct  3520832 TTCCCCCCATTGAGCAAGATTCTTAACTGCTGCCTCCCGTAGGAGTATGGACCGTGTCTC  3520773

Query  61      AGTTCCATTGTGGCCGAACACCCTCTCAGGCCGGCTACCGATCGTCGCCTTGGTGAGCCT  120
               ||||||||||||||||||||||||||||||||||||||||||||||||||||||||||||
Sbjct  3520772 AGTTCCATTGTGGCCGAACACCCTCTCAGGCCGGCTACCGATCGTCGCCTTGGTGAGCCT  3520713

Query  121     TTACCTCACCAACTAGCTAATCGGACGCGGGCTCATCTCCGAGCAATAAATCTTTACCCG  180
               ||||||||||||||||||||||||||||||||||||||||||||||||||||||||||||
Sbjct  3520712 TTACCTCACCAACTAGCTAATCGGACGCGGGCTCATCTCCGAGCAATAAATCTTTACCCG  3520653

Query  181     AAAAATCTTGTGATCTCTCGGGACCATCCAGTATTAGCTTCCCTTTCGGAAAGTTATCCC  240
               |||||||||| ||||||||||||||||||| |||||||||||||||||||||||||||||
Sbjct  3520652 AAAAATCTTATGATCTCTCGGGACCATCCAGTATTAGCTTCCCTTTCGGAAAGTTATCCC  3520593

Query  241     AGACTCAGAGGAAGATTACCCACGTGTTACTCACCCGTTCGCCGCTGAGTATTGCTACTC  300
               ||||||||||||||||||||||||||||||||||||||||||||||||||||||||||||
Sbjct  3520592 AGACTCAGAGGAAGATTACCCACGTGTTACTCACCCGTTCGCCGCTGAGTATTGCTACTC  3520533

Query  301     CGCTTGACTTGCATGTTTAAGACGCGCCGCC  331
               |||||||||||||||||||||||||||||||
Sbjct  3520532 CGCTTGACTTGCATGTTTAAGACGCGCCGCC  3520502
```

参 考 文 献

陈溥言. 2007. 兽医传染病学. 5 版. 北京: 中国农业出版社: 183-187.

姜娓娓, 由皓月. 2020. 一起羊钩端螺旋体病诊治. 畜牧兽医科学, (1): 114-115.

刘华. 2020. 牛钩端螺旋体病诊断与防控. 畜牧兽医科学, (15): 55-56.

刘文强, 贾玉萍, 赵宏坤. 2006. 16S rRNA 在细菌分类鉴定研究中的应用. 动物医学进展, (11): 15-18.

娄银莹, 周梦洁, 张颖欣, 等. 2020. 2017-2019 北京地区犬钩端螺旋体病流行病学调查. 中国人兽共患病学报, 36(1): 56-59.

孙毅, 戴宗浩, 彭梦华, 等. 2020. 江西地区鼠源致病性钩端螺旋体菌的分离纯化与鉴定. 实验动物科学, 37(2): 42-46.

叶星海, 苏菲菲. 2019. 高通量测序技术确诊钩端螺旋体感染一例. 中华临床感染病杂志, (6): 474-475.

张翠彩, 张汀兰, 徐建民, 等. 2019. 2016-2018 年江西省钩端螺旋体病鼠类动物流行病学调查与分离菌株鉴定. 中国人兽共患病学报, 35(12): 1080-1084.

中国农业科学院哈尔滨兽医研究所. 2013. 兽医微生物学. 2 版. 北京: 中国农业出版社: 122.

Mérien F, Amouriaux P, Perolat P, et al. 1992. Polymerase chain reaction for detection of *Leptospira* spp. in clinical samples. J Clinmicrobiol, 30: 2219-2224.

———————————————

ICS 65.020.30

B 44

中国实验动物学会团体标准

T/CALAS 108—2021

实验动物 骨与关节疾病食蟹猴模型评价规范

Laboratory animal-Evaluation specification for bone and joint diseases of cynomolgus models

2022-01-10 发布

2022-01-10 实施

中国实验动物学会 发布

前　言

本文件按照 GB/T 1.1—2020《标准化工作导则　第 1 部分：标准化文件的结构和起草规则》的规定起草。

请注意本文件的某些内容可能涉及专利。本文件的发布机构不承担识别专利的责任。

本文件由中国实验动物学会归口。

本文件由全国实验动物标准化技术委员会（SAC/TC281）技术审查。

本文件由中国实验动物学会实验动物标准化专业委员会提出并组织起草。

本文件起草单位：广东省实验动物监测所、广东药科大学、广州春盛生物研究院有限公司、从化市华珍动物养殖场（普通合伙）。

本文件主要起草人：贾欢欢、陈梅丽、李文德、卢丽、吴玉娥、班俊峰、关业枝、赵维波、陈梅玲、黄韧、廖金娥、马荣华、许良知。

实验动物　骨与关节疾病食蟹猴模型评价规范

1　范围

本文件规定了两种常见的骨与关节疾病（膝骨关节炎和强直性脊柱炎）食蟹猴模型的评价方法。

本文件适用于自发性或诱发性膝骨关节炎和强直性脊柱炎食蟹猴疾病模型的评价。

2　规范性引用文件

下列文件对于本文件的应用是必不可少的。凡是注明日期的引用文件，仅注日期的版本适用于本文件。凡是不注日期的引用文件，其最新版本（包括所有的修改单）适用于本文件。

《骨关节炎诊疗指南》（中华医学会，2018 年）

《强直性脊柱炎诊断标准》[纽约标准（修订），1984 年]

《强直性脊柱炎诊断及治疗指南》（中华医学会风湿病学会，2010 年）

3　术语和定义

下列术语和定义适用于本文件。

3.1

膝骨关节炎 knee osteoarthritis（KOA）

多种因素引起的膝关节软骨退化损伤、关节边缘和软骨下骨反应性增生的一种退行性病变。

3.2

强直性脊柱炎 ankylosing spondylitis（AS）

以骶髂关节和脊柱附着点炎症为主要症状的一种全身性自身免疫性疾病。

3.3

人类疾病动物模型 animal models of human disease

为阐明人类疾病的发生机制或建立治疗方法而制作的，具有人类疾病模拟表现的实验动物。

3.4

鉴别诊断 differential diagnosis

与其他疾病鉴别，并排除其他疾病可能的诊断。

3.5

检测指标缩略语

WBC：白细胞；PLT：血小板；HGB：血红蛋白；TP：总蛋白；ALB：白蛋白；GLOB：球蛋白；ALP：碱性磷酸酶；Ca：钙；P：磷；CRP：C 反应蛋白；ESR：红细胞沉降率（血沉）；TNF-α：肿瘤坏死因子 α；IL-17：白细胞介素-17；IL-6：白细胞介素-6；IgM-RF：类风湿因子 IgM；抗 CCP 抗体：抗环瓜氨酸肽抗体；PCT：降钙素原；ASO 抗体：抗链球菌溶血素 O 抗体；CT：计算机断层扫描；MRI：磁共振成像。

4 检查及评价程序

4.1 膝骨关节炎食蟹猴疾病模型检查及评价程序

膝骨关节炎食蟹猴疾病模型检查及评价程序见图 1。

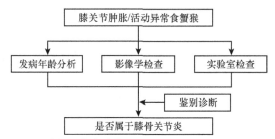

图 1 膝骨关节炎食蟹猴疾病模型检查及评价程序

4.2 强直性脊柱炎食蟹猴疾病模型检查及评价程序

强直性脊柱炎食蟹猴疾病模型检查及评价程序见图 2。

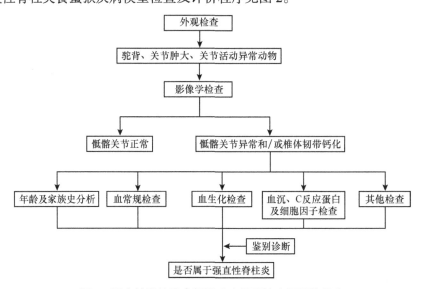

图 2 强直性脊柱炎食蟹猴疾病模型检查及评价程序

5　检查内容及评价规则

5.1　膝骨关节炎食蟹猴疾病模型

5.1.1　检查内容

5.1.1.1　临床症状检查

观察动物膝关节是否存在畸形、活动受限、骨摩擦音及肌肉萎缩等临床症状。

5.1.1.2　影像学检查

动物麻醉后，对双侧膝关节进行影像学检查（X 光、CT 和 MRI 检查），分析关节间隙宽度、关节积液、软骨下骨、关节软骨及半月板的病变。

5.1.1.3　其他检查

采外周血进行 ESR 检查，分离血清进行 CRP、IgM-RF、PCT、ASO 抗体检测。

5.1.2　评价规则

5.1.2.1　临床症状

a）关节活动受限：骨赘、软骨损伤、疼痛等引起膝关节活动度受限。

b）关节畸形：骨赘、关节滑膜炎症积液造成的关节肿大。

c）骨摩擦音：关节软骨破坏，关节面不平整，关节活动时出现骨摩擦音。

d）肌肉萎缩：关节疼痛和活动能力下降导致受累关节周围肌肉萎缩，关节无力。

5.1.2.2　影像学表现

a）X 光检查：表现为受累关节非对称性关节间隙狭窄，软骨下骨硬化和（或）囊性变，关节边缘骨赘形成。部分动物可有不同程度的关节肿胀，关节内可见游离体，甚至关节变形。

b）CT 检查：表现为受累关节间隙狭窄、软骨下骨硬化、囊性变和骨赘增生等。

c）MRI 检查：表现为受累关节软骨变薄，缺损，骨髓水肿、半月板损伤及变性、关节积液及腘窝囊肿。

5.1.2.3　实验室检查

若伴有滑膜炎时，疾病动物外周血 CRP 及 ESR 会轻度升高。

5.1.2.4　鉴别诊断

需与类风湿性关节炎、感染性关节炎、强直性脊柱炎进行鉴别诊断。

5.1.3　评价标准

满足影像学改变及临床症状任意 2 条，可评价为膝骨关节炎。外周血 ESR 及 CRP 结果可作为辅助评价指标。

5.2　强直性脊柱炎食蟹猴疾病模型

5.2.1　检查内容

5.2.1.1　临床症状检查

观察动物是否存在驼背、四肢肌肉萎缩、关节活动程度下降和运动状态变差等临床症状。

5.2.1.2　影像学检查

动物麻醉后，对骶髂关节、脊柱进行 X 光检查，对于无法准确判断骶髂关节是否有病变的动物进行 CT 或 MRI 检查。

5.2.1.3　ESR、CRP 及细胞因子检查

采集外周血进行 ESR 检测，分离血清进行 CRP 及相关细胞因子（TNF-α、IL-17 及 IL-6等）检测。

5.2.1.4　血常规及血生化检查

采集外周血进行血常规检测，分离血清进行血生化相关指标（TP、ALB、GLOB、ALP、Ca、P 等）检测。

5.2.1.5　年龄及家族史分析

对于自发性动物模型，影像学检查骶髂关节异常动物，分析其年龄及家族患病史。

5.2.1.6　其他检查

采集外周血分离血清进行 IgM-RF、抗 CCP 抗体、PCT、ASO 抗体检测。

5.2.2　评价规则

5.2.2.1　临床症状

AS 食蟹猴普遍会出现驼背、四肢肌肉萎缩、关节活动程度下降、运动状态变差等临床症状。

5.2.2.2　影像学表现

AS 食蟹猴骶髂关节均会出现不同程度的影像学改变，如关节面骨侵蚀、增生硬化及囊性变，关节边缘呈锯齿样改变，关节面模糊，骨皮质不连续，关节间隙增宽或变窄，严重者出现完全性关节强直。AS 食蟹猴椎体常存在不同程度的影像学改变，如韧带钙化、骨赘、骨桥，严重者椎体呈"竹节样"改变。

骶髂关节影像学诊断标准分为 5 期。

a）0 级为正常骶髂关节。

b）Ⅰ级为可疑骶髂关节炎。

c）Ⅱ级为骶髂关节边缘模糊，略有硬化和微小侵袭病变，关节间隙无改变。

d）Ⅲ级为中度或进展性骶髂关节炎，伴有一项（或以上）变化：近关节区硬化、关节间隙变窄或增宽、骨质破坏或部分强直。

e）Ⅳ级为关节完全融合或强直，伴随或不伴随骨硬化。

5.2.2.3　ESR、CRP 及细胞因子检查

AS 食蟹猴炎症急性期 ESR、CRP、TNF-α 及 IL-17 水平升高。

5.2.2.4　血常规及血生化检查

AS 食蟹猴外周血 WBC 数量升高或正常，PLT 升高，HGB 下降；血清中 ALP、GLOB、TP 水平升高，ALB 水平下降。

5.2.2.5　年龄及家族史表现

对于自发性模型，AS 食蟹猴 2 岁或更早时可出现明显的骶髂关节病变和（或）椎体韧带钙化，并伴随一定的家族聚集性。

5.2.2.6　其他检查

AS 食蟹猴外周血血清中 IgM-RF、抗 CCP 抗体、PCT 及 ASO 抗体均不会出现明显改变。

5.2.2.7　鉴别诊断

需与骨性关节炎、类风湿性关节炎、感染性关节炎、弥漫性特发性骨质增生症等模型进行鉴别诊断。

5.2.3　评价标准

部分满足临床症状表现，双侧骶髂关节影像学分级大于或等于Ⅱ级，或单侧骶髂关节影像学分级在Ⅲ～Ⅳ级，可评价为强直性脊柱炎。ESR、CRP 及细胞因子、血常规、血生化、年龄及家族史等结果可作为辅助评价指标。

附 录 A

（资料性附录）

影像学检查方法

A.1 主要仪器

X 光机、计算机 X 光断层摄影机（CT 机）、磁共振成像仪（MRI 机）。

A.2 检查方法

A.2.1 动物麻醉

动物采用合适的麻醉剂麻醉，X 光及 CT 检查可使用短效麻醉剂，MRI 检查需使用长效麻醉剂。

A.2.2 X 光检查

A.2.2.1 检查部位：双侧膝关节。

A.2.2.2 检查方法：膝骨关节炎模型动物麻醉后，分别仰卧和侧卧于 X 光机检查台，对双侧膝关节分别进行正位和侧位检查，根据仪器类型及图片清晰度调整电流与电压设置。强直性脊柱炎模型动物麻醉后，侧卧于 X 光机检查台，进行颈椎、胸椎、腰椎侧位检查；动物仰卧于 X 光机检查台，可借助外力对胫骨或股骨进行适当牵拉，进行骶髂关节正位检查。

A.2.3 CT 检查

A.2.3.1 检查部位：双侧膝关节。

A.2.3.2 检查方法：膝骨关节炎模型动物麻醉后，分别仰卧和侧卧于 CT 机检查台，对双侧膝关节进行检查；强直性脊柱炎模型动物麻醉后，俯卧于 CT 机检查台，分别对颈椎、胸椎、腰椎、骶髂关节 4 个部位进行检查，扫描厚度约 1 mm。

A.2.4 MRI 检查

A.2.4.1 检查部位：膝骨关节炎模型动物主要检查双侧膝关节，强直性脊柱炎模型动物主要检查脊柱及骶髂关节。

A.2.4.2 检查方法：动物麻醉后，分别仰卧和侧卧于 MRI 机检查台，对相应部位进行检查，磁场强度建议不低于 1.5 T。

附 录 B

（资料性附录）

鉴 别 诊 断

B.1 膝骨关节炎模型与类风湿性关节炎模型鉴别诊断

类风湿性关节炎是一种全身自身免疫性疾病，多发于对称性关节，类风湿因子会出现明显升高。KOA 属于一种退行性疾病，多发于年老动物，非对称性关节病变中，类风湿因子不会出现明显变化。

B.2 膝骨关节炎模型与感染性关节炎模型鉴别诊断

感染性关节炎一般由细菌、病毒等微生物入侵关节腔引起，微生物培养阳性，外周血 ASO 及 PCT 会出现明显升高。KOA 食蟹猴外周血 ASO 及 PCT 不会出现明显变化，微生物培养阴性。

B.3 膝骨关节炎模型与强直性脊柱炎模型鉴别诊断

强直性脊柱炎累及骶髂关节及脊柱，多发于青壮年动物。KOA 不侵犯骶髂关节及脊柱，多发于中老年动物。

B.4 强直性脊柱炎模型与类风湿性关节炎模型鉴别诊断

类风湿性关节炎不侵犯骶髂关节，多见于对称性的外周关节，且抗 CCP 抗体及 IgM-RF 常出现显著性升高。AS 食蟹猴骶髂关节均会出现不同程度病变，且抗 CCP 抗体和 IgM-RF 不出现明显变化。

B.5 强直性脊柱炎模型与感染性关节炎模型鉴别诊断

感染性关节炎一般由细菌、病毒等微生物入侵关节腔引起，关节液中白细胞数量明显升高，滑液黏度及糖含量明显下降，微生物培养阳性，外周血 ASO 及 PCT 均会出现明显升高。AS 食蟹猴上述指标均不会出现明显变化。

B.6 强直性脊柱炎模型与弥漫性特发性骨质增生症模型鉴别诊断

弥漫性特发性骨质增生症多发于老年动物，不侵犯骶髂关节，血常规、血生化指标一般不发生明显改变。AS 食蟹猴发病年龄一般集中在青壮年（食蟹猴为 2～10 岁），血常规及血生化部分指标可能会出现显著性改变，且均会侵犯骶髂关节。

ICS 65.020.30

B 44

中国实验动物学会团体标准

T/CALAS 109—2021

实验动物　2 型糖尿病食蟹猴模型评价规范

Laboratory animal-Evaluation specification for type 2 diabetes model of cynomolgus monkey

2022-01-10　发布

2022-01-10　实施

中国实验动物学会　发布

前　言

本文件按照 GB/T 1.1—2020《标准化工作导则　第 1 部分：标准化文件的结构和起草规则》的规定起草。

请注意本文件的某些内容可能涉及专利。本文件的发布机构不承担识别专利的责任。

本文件由中国实验动物学会归口。

本文件由全国实验动物标准化技术委员会（SAC/TC281）技术审查。

本文件由中国实验动物学会实验动物标准化专业委员会提出并组织起草。

本文件起草单位：广东省实验动物监测所、肇庆创药生物科技有限公司、从化市华珍动物养殖场、广州春盛生物研究院有限公司、广东省中医院。

本文件主要起草人：高洪彬、陈梅丽、王希龙、黄韧、闵凡贵、卢丽、贾欢欢、梁十、罗挺、凌雪荧、刘艳薇、陆红玉、廖金娥、赵玲。

实验动物 2型糖尿病食蟹猴模型评价规范

1 范围

本文件规定了食蟹猴2型糖尿病检查评价程序、检查评价方法、评价结论等。

本文件适用于食蟹猴2型糖尿病的评价。

2 规范性引用文件

下列文件对于本文件的应用是必不可少的。凡是注明日期的引用文件，仅注日期的版本适用于本文件。凡是不注日期的引用文件，其最新版本（包括所有的修改单）适用于本文件。

《中国2型糖尿病防治指南（2020版）》（中华医学会糖尿病学分会）

3 术语和定义

以下术语和定义适用于本文件。

3.1

实验动物食蟹猴 laboratory animal cynomolgus monkey

经人工饲育，对其携带的微生物和寄生虫等实行质量控制，遗传背景明确或者来源清楚，用于科学研究、教学、生产和检定以及其他科学实验的食蟹猴。

3.2

糖尿病 diabetes

由胰岛素分泌功能缺陷和(或)胰岛素作用缺陷所引起，以慢性高血糖伴碳水化合物、脂肪及蛋白质代谢障碍为主要特征的一组病因异质性的代谢性疾病。

3.3

糖尿病高危猴群 high-risk monkey of diabetes

食蟹猴年龄≥11岁，且具有下列任何一个及以上的糖尿病危险因素，定义为糖尿病高危猴群。

a）有糖尿病前期史。

b）一级亲属中有家族史，有妊娠糖尿病史的母猴。

c）高血压、血脂异常、动脉粥样硬化性心血管疾病猴。

d）超重或肥胖。

e）有典型的糖尿病症状（多饮、多尿、多食、体重减轻等）。

3.4

缩略语

HbA1c：糖化血红蛋白；IVGTT：静脉糖耐量试验；T1DM：1 型糖尿病；T2DM：2 型糖尿病。

4　糖尿病的筛查

检查程序见图 1。

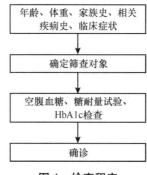

图 1　检查程序

4.1　筛查对象

为提高工作效率，减少对猴群的干扰，推荐对糖尿病高危猴群进行筛查。

4.2　筛查方法

用快速血糖仪在喂食前或喂食后 2 h 检测血糖值。对血糖值异常猴采静脉血实验室检测血糖值。尽可能进行 IVGTT 检查和（或）HbA1c 检查。

5　糖尿病的评价

糖尿病猴常具有典型的糖尿病症状：多饮、多尿、多食、不明原因体重下降。依据实验室检测血浆葡萄糖而不是毛细血管血糖含量诊断糖尿病。通常需对食蟹猴进行固定后使用无菌注射器抽取静脉血，在室温或 37℃ 恒温水槽中静置 30 min～50 min，待血清析出后，在 2 h 内离心，分离血清进行检测。

5.1　诊断糖尿病的血糖切点

空腹血糖指 8 h～14 h 内无能量摄入的血糖。

a）空腹血糖≥8.0 mmol/L。

b）进食后 2 h 血糖≥10.0 mmol/L。

c）不考虑进食时间，一天中任意时间的随机血糖值≥10.0 mmol/L。

d）糖化血红蛋白（HbA1c）检查，HbA1c≥6.5%。

5.2　诊断方法

a）连续 2 次以上实验室检测静脉血糖值均达到诊断标准，其他指标为辅助指标。

b）空腹血糖值可单独用于大群筛查。

c）空腹血糖≥7.0 mmol/L 糖调节受损的，行 IVGTT 检查。

d）HbA1c 可辅助诊断糖尿病，标准为 HbA1c≥6.5%。

e）快速血糖仪检测适用于大群筛查和日常血糖监控，结果作为诊断的参考。

5.3　鉴别诊断

5.3.1　糖尿病分型

a）T1DM：包括免疫介导型与特发性 T1DM，病因和发病机理尚未完全明确。

b）T2DM：病因和发病机理尚未完全明确。

c）特殊类型糖尿病：病因学相对明确的糖尿病。

d）妊娠期糖尿病：在妊娠期间发生不同程度的糖耐量异常情况。

5.3.2　T1DM 和 T2DM 鉴别诊断

a）T1DM 显著的病理学与病理生理学特征是胰岛 β 细胞数量显著减少甚至消失导致的胰岛素分泌显著减少或缺失。

b）T2DM 显著的病理生理学特征为胰岛素调控葡萄糖代谢能力的下降伴胰岛 β 细胞功能缺陷所导致的胰岛素分泌减少。

c）T1DM 与 T2DM 的鉴别，主要为 T1DM 具有以下特点。

ⅰ）年轻猴。

ⅱ）"三多一少"症状明显。

ⅲ）常以酮症或酮症酸中毒起病。

ⅳ）非肥胖体型。

ⅴ）空腹或餐后血清 C 肽浓度明显降低。

ⅵ）出现胰岛自身免疫标记物。

附 录 A

（资料性附录）

血糖检查方法（一）

A.1 主要仪器

血糖仪及相对应的检测试纸。

A.2 检查方法

A.2.1 动物采血

从后肢外侧小隐静脉采血，剃去采血部位被毛，固定后注射器抽取外周静脉血少许。

A.2.2 血糖检测

将血样与血糖仪相应部位接触，读取仪器中显示的血糖值。

附　录　B

（资料性附录）

血糖检查方法（二）

B.1　主要试剂

血糖检测相关试剂。

B.2　主要仪器

生化分析仪、离心机。

B.3　检查方法

B.3.1　动物采血

使用不含任何抗凝剂的采血管，从后肢外侧小隐静脉采血，剃去采血部位被毛。采血量不少于 1 mL。

B.3.2　血清制备

血液采集后，放置在室温或37℃恒温水槽中静置 30 min～50 min，待血清析出后，在 2 h 内以 3000 r/min 离心 15 min，分离血清，所得血清应澄清透明，无溶血。溶血样本应重新采血制备血清。

B.3.3　血糖检测

上机进行血糖检测。

B.3.4　血液样品的保存

血清分离后应及时上机检测，不能及时检测的样品应在−15℃以下保存待检。

附 录 C

（资料性附录）

糖耐量试验方法

C.1 主要试剂

50%葡萄糖注射液等。

C.2 主要仪器

生化分析仪、离心机。

C.3 检查方法

C.3.1 注糖量

根据体重测量结果，按 0.5 mL/kg 计算注糖量，将 5 mL 以上注射器与头皮针连接，按注糖量吸入 50%葡萄糖注射液至刻度。

C.3.2 采样时间

注糖前（0 min）及注糖后 10 min、30 min、60 min、90 min、120 min 为采样时间。

C.3.3 动物采血

使用不含任何抗凝剂的采血管，从后肢外侧小隐静脉采血，剃去采血部位被毛。采血量不少于 1 mL。

C.3.4 血清制备

血液采集后，放置在室温或 37℃恒温水槽中静置 30 min～50 min，待血清析出后，在 2 h 内以 3000 r/min 离心 15 min，分离血清，所得血清应澄清透明，无溶血。溶血样本应重新采血制备血清。

C.3.5 血清血糖检测

上机进行血糖检测。

C.3.6 血液样品的保存

血清分离后应及时上机检测，不能及时检测的样品应在-15℃以下保存待检。

ICS 65.020.30

B 44

中国实验动物学会团体标准

T/CALAS 110—2021

实验动物 人源肿瘤异种移植小鼠模型制备技术规范

Laboratory animal-Technical specification for preparation patient-derived xenograft mouse model

2022-01-10 发布
2022-01-10 实施

中国实验动物学会 发布

前　言

　　本文件按照 GB/T 1.1—2020《标准化工作导则　第 1 部分：标准化文件的结构和起草规则》的规定起草。

　　请注意本文件的某些内容可能涉及专利。本文件的发布机构不承担识别专利的责任。

　　本文件由中国实验动物学会归口。

　　本文件由全国实验动物标准化技术委员会（SAC/TC281）技术审查。

　　本文件由中国实验动物学会实验动物标准化专业委员会提出并组织起草。

　　本文件起草单位：西安交通大学、空军军医大学、南昌大学。

　　本文件主要起草人：刘恩岐、薛莹、师长宏、何远桥、王维蓉、张海、赵四海、白亮。

实验动物　人源肿瘤异种移植小鼠模型制备技术规范

1　范围

本文件规定了利用小鼠建立人源肿瘤异种移植（patient-derived xenograft，PDX）模型的基本原则，包括动物选择、模型制备和评价方法等，规定了 PDX 模型信息化管理基本原则，包括临床标本选择与处理、模型质量控制、应用研究和信息化管理等。

本文件适用于 PDX 模型制备、质量管控和模型应用。

2　规范性引用文件

下列文件对于本标准的应用是必不可少的。凡是注明日期的引用文件，仅注日期的版本适用于本文件。凡是不注日期的引用文件，其最新版本（包括所有的修改单）适用于本文件。

GB 14922.1　　《实验动物　寄生虫学等级及监测》

GB 14922.2　　《实验动物　微生物学等级及监测》

GB 14925　　　《实验动物　环境及设施》

GB/T 14926.55　《实验动物　免疫酶组织化学法》

GB 19489　　　《实验室　生物安全通用要求》

GB/T 35823　　《实验动物　动物实验通用要求》

GB/T 35892　　《实验动物　福利伦理审查指南》

3　术语和定义

下列术语和定义适用于本文件。

3.1

人源肿瘤异种移植 PDX

将患者的肿瘤组织或细胞移植到免疫缺陷动物（一般指小鼠）体内形成的移植瘤模型。

3.2

传代 passage

肿瘤在动物体内生长到一定程度后，从其体内取出肿瘤组织并移植到新的免疫缺陷动物体内的过程，称为 PDX 模型的传代。

3.3

实体瘤 solid tumor

临床影像检查（如 X 线、CT、B 超等）或触诊扪及的有形肿瘤组织。

3.4

非实体瘤 non-solid tumor

临床影像检查（如 X 线、CT、B 超等）以及触诊无法看到或扪及的肿瘤。例如，白血病属于非实体瘤。

3.5

荷瘤小鼠 tumor-bearing mouse

被移植了肿瘤组织或细胞的小鼠，在 PDX 模型中指移植肿瘤患者来源肿瘤组织或细胞的免疫缺陷小鼠。

3.6

免疫缺陷动物 immunodeficiency animal

由先天性遗传突变或用人工方法造成一种或多种免疫系统组成成分缺失的动物。

3.7

裸小鼠 nude mouse

由于 *Foxn1* 基因发生突变而形成，无毛、缺乏正常胸腺，T 淋巴细胞生成障碍，应用广泛。

3.8

SCID 小鼠

由于常染色体 *Prkdc* 基因隐性突变而形成，表现为严重的联合免疫缺陷（severe combined immunodeficiency，SCID）症状，B 淋巴细胞和 T 淋巴细胞功能缺失。

3.9

NOD-SCID 小鼠

将 *Prkdc* 突变基因导入非肥胖糖尿病背景小鼠（non-obesity diabetes，NOD）体内获得。*Prkdc* 突变基因影响 T 淋巴细胞、B 淋巴细胞的正常发育，NOD-SCID 小鼠除了 T 淋巴细胞、B 淋巴细胞功能缺陷，NK 细胞功能和补体结合能力也下降。

3.10

重度联合免疫缺陷小鼠

在 NOD-SCID 背景下，IL-2 受体 γ 链缺失而形成的重度联合免疫功能缺陷小鼠，此小鼠缺乏成熟的 T 淋巴细胞、B 淋巴细胞和 NK 细胞，巨噬细胞功能降低，是异种移植模型的良好宿主动物。

常见重度联合免疫缺陷小鼠品系有：

NOG（NOD.Cg-$Prkdc^{scid}Il2rg^{tm1Sug}$/JicCrl）

NSG（NOD.Cg-$Prkdc^{scid}Il2rg^{tm1Wjl}$/SzJ）

NCG（NOD/ShiLtJGpt-$Prkdc^{em26Cd52}Il2rg^{em26Cd22}$/Gpt）

B NDG（NOD-$Prkdc^{scid}Il2rg^{tm1}$/Bcgen）

NPG（NOD.Cg-$Prkdc^{scid}Il2rg^{tm1}$Vst/Vst）

M-NSG（NOD-$Prkdc^{scid}Il2rg^{em1}$/Smoc）等

4　生物安全风险评估

实施 PDX 实验前，按照 GB 19489 要求，评估其生物安全危害。实验操作应在生物安全二级或以上级别生物安全实验室或相应级别生物安全柜中开展。对于肿瘤患者基础患病信息，需要进行风险评估，确定其生物安全危害及开展实验的环境要求。

5　动物模型选择

5.1　选择原则

PDX 模型选择 SPF 级免疫缺陷动物进行移植。可根据购买成本、饲养环境和科学研究需求，选择不同品系小鼠移植。

5.2　常用于建立 PDX 模型的免疫缺陷小鼠品系

常用于建立 PDX 模型的免疫缺陷小鼠品系有裸小鼠、SCID 小鼠、NOD-SCID 小鼠，以及重度联合免疫缺陷小鼠等。

5.3　用于建立 PDX 模型的小鼠的年龄、性别

多选择 4~12 周龄、雌性小鼠。若某种肿瘤与性别强相关，则多依照肿瘤的种类选择小鼠性别，如乳腺癌一般选择雌性小鼠，前列腺癌一般选择雄性小鼠。

5.4　模型小鼠饲养环境

PDX 模型小鼠均使用 SPF 级免疫缺陷动物，即在屏障环境中用独立通气笼具（individual ventilation cage，IVC）装置或隔离器内饲养。饮用高压灭菌水或酸化水，使用 Co^{60} 或电子束照射后的饲料。进入屏障环境的材料均通过高压灭菌或物理化学方法进行辐射、消毒。定期开展饲养环境监测，确保免疫缺陷动物身体健康。

6　肿瘤样本选择与前处理

6.1　患者肿瘤样本选择

在符合医学伦理学规范和《中华人民共和国人类遗传资源管理条例》前提下，根据科

学研究需要、肿瘤分型、肿瘤特征、实验条件、外科手术或活检取材方式等进行选择。

6.2　肿瘤样本前处理

肿瘤组织标本离体后采用2℃～8℃预冷生理盐水冲洗，去除脂肪、结缔组织和坏死部分，经病理医生确认后，选择肿瘤活性最好的部分放入预冷样本运输保存液的无菌样本采集管，封口后在管壁标记好患者信息，将采集管放入冰包中低温条件下（2℃～8℃，不能结冰）转移至实验室。在生物安全二级或以上级别生物安全实验室或相应级别生物安全柜中，按照无菌操作流程，将肿瘤组织剪或切成直径1 mm～3 mm大小的微组织块，整个操作过程中，使样本保持低温。

6.3　肿瘤样本保存

在PDX模型制备整个过程中，对肿瘤患者和每一代小鼠模型的肿瘤组织样本均需进行适当保存，以备鉴定和药物评价。

6.3.1　病理保存

将肿瘤组织块放入装有组织固定液的病理管常温保存，并标记样本信息。在30天内对固定的组织进行脱水包埋处理。

6.3.2　样本冻存

将肿瘤组织块修剪后，放入含有冻存液的无菌冻存管内，采用冻存体系或程序降温盒冻存。

冻存体系：4℃、15 min→-20℃、30 min至2 h→-80℃过夜，液氮长期保存。

7　PDX模型制作

7.1　模型制作环境和生物安全防护

操作人员应在生物安全二级或以上级别生物安全实验室或相应级别生物安全柜中进行接种、传代实验，实验过程中始终保持无菌操作。操作人员应穿着无菌工作服，佩戴手套、口罩，对血液、体液类肿瘤应佩戴护目镜。对于肿瘤患者基础患病的情况，根据风险评估，操作人员进行相对应级别的更严格的防护。

7.2　皮下接种

麻醉小鼠，接种部位备皮，用乙醇和碘伏消毒。将移植肿瘤组织块放入套管针中，一般接种在皮下血供丰富的双侧肩胛区。将接种后的小鼠置于温暖环境清醒后正常饲养。注意需将手术后的小鼠和未手术小鼠分开放置、饲养。手术接种信息须进行详细记录。

7.3　肾包膜下接种

以侧卧位肋下切口为例。麻醉、备皮后，将小鼠侧面位放置，用乙醇和碘伏消毒，切开表皮、肌肉，暴露肾，用小刀片或其他利器轻轻划开肾包膜，用镊子将肿瘤组织块放置进去，将肾复位，缝合好肌肉和表皮。将接种后的小鼠放置于温暖环境中，待小鼠清醒后正常饲养。注意需将手术后的小鼠和未手术小鼠分开放置、饲养。手术接种信息须进行详细记录。

7.4　原位接种

根据患者肿瘤发生的部位，对应接种在小鼠体内相应部位。常见的原位接种肿瘤有：胶质瘤、乳腺癌、胃癌、肠癌、肝癌、胰腺癌、卵巢癌、前列腺癌等。注意需将手术后的小鼠和未手术小鼠分开放置、饲养。手术接种信息须进行详细记录。

8　操作后的清理

患者肿瘤样本以及携带患者肿瘤样本的小鼠组织，都被视为潜在的健康威胁，使用消毒剂（如 10% 漂白剂、双氧水消毒剂、84 消毒液等）冲洗或浸泡任何可能与人体组织接触的实验物品（如离心管、注射器、培养皿等）至少 10 min，然后将其放置在生物危害废物或尖锐容器处置器皿中，由专业机构处理。

9　PDX 模型观测、传代、取材及安乐死

9.1　模型观测

小鼠 PDX 模型制作成功后，定期（每周不少于一次）测量小鼠体重和肿瘤大小。

皮下接种模型可用游标卡尺测量接种肿瘤大小。肿瘤大小计算公式：$V=\pi/6\times L\times W^2$ 或 $V=1/2\times L\times W^2$。其中，V 表示肿瘤体积；L 表示肿瘤长边长度；W 表示肿瘤短边长度。

肾包膜和原位肿瘤接种模型，可应用影像学方法观测接种肿瘤大小。

9.2　模型传代

选择肿瘤大小为 1000 mm³～1500 mm³ 范围内的 PDX 模型传代。麻醉小鼠，剥离肿瘤组织，重复前文所述造模过程，把肿瘤组织接种在下一批动物身体上。同时，留取部分肿瘤组织冻存。

一般将患者肿瘤组织第一次接种给小鼠，培育成功的 PDX 模型称为 P0 代，从 P0 代小鼠体内取出肿瘤组织，传给下一代 PDX 模型称为 P1 代，以此类推。

9.3　模型取材

实体瘤根据造模方式不同，分别取肿瘤和荷瘤脏器，非实体瘤采集血液或其他体液。
9.3.1　移植瘤剖检
将荷瘤小鼠麻醉，局部皮肤消毒，切开皮肤，取出肿瘤，用生理盐水或磷酸盐缓冲溶液（phosphate buffer saline，PBS）冲洗干净，观察测量并在有标尺的背景下拍照记录。
9.3.2　原位肿瘤模型的脏器剖检
荷瘤小鼠实施安乐死，局部皮肤消毒，将荷瘤脏器取出，用生理盐水或 PBS 冲洗干净，观察测量并在有标尺的背景下拍照记录。

9.4 安乐死

单个肿瘤在任何角度测量长度不应大于 1.5 cm，肿瘤过大时应对荷瘤小鼠实施安乐死。如果动物的肿瘤生长方式限制了它们的活动能力，阻碍了它们获取食物和水，动物表现出嗜睡、呼吸困难、不活动、毛发皱缩、体温下降、食欲不振等现象或者接种肿瘤处皮肤显示出坏死的症状，也应对其实施安乐死。

10 PDX 模型鉴定

为了保证 PDX 模型肿瘤与最初取材的患者肿瘤病理特征一致，需要进行鉴定。

10.1 模型病理鉴定

组织病理学鉴定：苏木精-伊红染色（hematoxylin and eosin staining，HE 染色）和免疫组化染色。

10.2 模型分子生物学鉴定

短串联重复序列（short tandem repeat，STR）分型检测、聚合酶链反应（polymerase chain reaction，PCR）、全外显子组测序（whole exome sequencing，WES）、基因芯片、单核苷酸多态性（single nucleotide polymorphism，SNP）、比较基因组杂交（comparative genome hybridization，CGH）分析等。

10.3 影像学检测

采用肾包膜和原位制作的 PDX 模型，需要影像学方法测量实体瘤体积，观察肿瘤生长情况。常见的方法有：核磁共振、B 超、活体成像、CT 等与人类肿瘤诊断类似的其他手段。

10.4 细胞学鉴定

对于非实体瘤的血液类肿瘤，主要通过细胞学技术判断造模情况。

11 PDX 模型制备成功判定标准

11.1 病理学

HE 染色观察模型肿瘤组织与患者肿瘤组织形态相同，免疫组化染色判断具有相同的肿瘤标志物。

11.2 分子生物学

利用 STR 或 PCR 法等进行肿瘤组织溯源性检测，证明模型的肿瘤是人源性而非鼠源性。

11.3 细胞学

细胞学技术判定非实体瘤类肿瘤。

11.4　其他方法辅助判定

前文所述的其他鉴定方法。

12　PDX 模型信息化管理

12.1　临床

12.1.1　临床患者

12.1.1.1　临床患者的必要信息

患者住院号、年龄、性别、疾病诊断、患者知情同意书、输血前四项（乙肝、丙肝、艾滋病、梅毒）。

12.1.1.2　临床患者的补充信息

患者种族/民族、目前治疗药物和措施、患者治疗史及必要的微生物检查。

12.1.2　临床肿瘤

包括肿瘤分类、分型、解剖位置和肿瘤组织病理学等相关信息。

12.1.2.1　临床肿瘤的必要信息

肿瘤编号、肿瘤发展阶段（如原发、转移、复发）、组织病理学、肿瘤等级分类、疾病分期分类、特定肿瘤诊断标志物以及是否来源于未经治疗的患者等。

12.1.2.2　临床肿瘤的补充信息

肿瘤标本取样方法（如手术、活检、腹水等），肿瘤是否来源于已有编号的 PDX 模型。

12.2　模型建立

12.2.1　模型建立的必要信息

PDX 模型编号、模型宿主动物品系和来源、宿主动物是否经过人源化免疫系统重建及重建类型、肿瘤组织处理过程（如组织或细胞悬液）、肿瘤植入类型和解剖位置（如皮下、原位等）、研究单位伦理批件、实验动物管理委员会批件。

12.2.2　模型建立的补充信息

肿瘤移植成功率、药物反应、肿瘤生长曲线等。

12.3　模型质量控制

根据患者肿瘤的关键特征，获取关于传代肿瘤组织来源等全面、可靠信息。

12.3.1　模型质量控制的必要信息

组织病理学、免疫组化染色，评估人类肿瘤标志物、STR 分型等。

12.3.2　模型质量控制的补充信息

PCR 人源化鉴定、原位杂交、基因突变和重排评估、DNA 甲基化、基因表达谱、DNA 序列分析、测量 PDX 肿瘤生长对标准治疗的反应、动物健康状况监测、PDX 模型功能性评估等。

12.4　模型研究和其他相关数据

12.4.1　模型研究

PDX 模型的研究方向和内容。

其他补充信息：治疗、治疗控制（如剂量、细节）、治疗反应、肿瘤组学信息、样本编号、取样位置、人源或鼠源、所用技术等。

12.4.2　与 PDX 模型相关的数据库

建立 PDX 相关数据库及数据存储和使用规范。

附　录　A

（资料性附录）

试　剂　配　方

A.1　样本运输保存液配方：基础培养基（DMEM/F12、DMEM 高糖、RPMI1640 等）+2%～3%双抗（青链霉素混合液）+ 3%～5%胎牛血清（FBS）。根据样本污染、耐药情况，必要时添加两性霉素 B、万古霉素。

A.2　冻存液配方：①50% RPMI1640 + 40% FBS + 10%二甲基亚砜（DMSO）；②90% FBS+10% DMSO。

A.3　组织固定液：4%多聚甲醛。

参 考 文 献

Meehan T F, Conte N, Goldstein T, et al. 2017. PDX-MI: minimal information for patient-derived tumor xenograft models. Cancer Res, 77(21) : e62-e66.

ICS 65.020.30
B 44

中国实验动物学会团体标准

T/CALAS 111—2021

实验动物 不同毒力耐多药结核菌
用于体内外药效评价技术规范

Laboratory animal-*In vitro* and *in vivo* efficacy evaluation of multidrug-resistant tuberculosis

with different virulence

2022-01-10 发布   2022-01-10 实施

中国实验动物学会 发布

前　言

本文件按照 GB/T 1.1—2020《标准化工作导则　第 1 部分：标准化文件的结构和起草规则》的规定起草。

请注意本文件的某些内容可能涉及专利。本文件的发布机构不承担识别专利的责任。

本文件由中国实验动物学会归口。

本文件由全国实验动物标准化技术委员会（SAC/TC281）技术审查。

本文件由中国实验动物学会实验动物标准化专业委员会提出并组织起草。

本文件起草单位：中国医学科学院医学实验动物研究所。

本文件主要起草人：秦川、占玲俊。

实验动物 不同毒力耐多药结核菌用于体内外药效评价技术规范

1 范围

本文件提供了利用强毒或弱毒耐多药临床结核菌株的体外最小抑菌浓度（minimal inhibitory concentration，MIC）测定，以及小鼠模型中药效方法，包括模型制备所需要的耐多药结核菌株的筛选、体外 MIC 测定、不同毒力耐多药动物模型制备、病理学和组织菌量评价的方法。

本文件适用于临床耐药结核分枝杆菌的体外药敏测试，建立体内药效评价的动物模型和评价方法，用于评价不同类型药物对不同毒力临床耐药结核分枝杆菌体内的药效。同时，该技术规范也可以作为其他临床耐药菌的体内外药效评价技术规范的参考。

2 规范性引用文件

下列文件对于本文件的应用是必不可少的。凡是注明日期的引用文件，仅注日期的版本适用于本文件。凡是不注日期的引用文件，其最新版本（包括所有的修改单）适用于本文件。

GB 19489 《实验室 生物安全通用要求》

GB 14925 《实验动物 环境及设施》

《实验动物管理条例》（国家科学技术委员会令第 2 号）

《中国药典》（2020 年）

《药物非临床依赖性研究技术指导原则》（国食药监注〔2007〕643 号）

3 术语和定义

以下术语和定义适用于本文件。

组织荷菌量 bacterium burden in tissue

单位质量的组织样本中细菌的负荷量，即菌量。

4 缩略语

RIF 利福平（rifampin）

EMB 乙胺丁醇（ethambutol）

Mtb 结核分枝杆菌（*Mycobacterium tuberculosis*）

HE 染色	苏木精-伊红染色（hematoxylin-eosin staining）
CFU	菌落形成单位（colony forming unit）
MIC	最小抑菌浓度（minimal inhibitory concentration）
DMSO	二甲基亚砜（dimethyl sulfoxide）
PBS	磷酸盐缓冲溶液（phosphate buffer saline）

OADC 生长添加剂　油酸清蛋白葡萄糖过氧化氢酶添加剂（oleic albumin dextrose catalase supplement）

5　试剂和材料

a）灭菌生理盐水。

b）抗结核的阳性对照药。

c）4%稀硫酸。

d）罗氏培养基、MGIT960 培养管。

e）10%福尔马林溶液。

f）75%乙醇。

g）组织匀浆管。

h）1 mL、5 mL、10 mL 移液管。

i）100 μL、200 μL、1 mL 加样枪和枪头。

j）一次性平皿。

k）解剖剪、镊子。

l）生物安全操作的防护用品（帽子、口罩、手套、垃圾袋、防护服、防渗漏垫等）。

m）异烟肼、利福平和链霉素。

6　仪器和设备

a）CO_2 培养箱。

b）倒置显微镜。

c）电动移液器。

d）生物安全柜。

e）组织匀浆机。

f）组织切片机。

g）MGIT960 分枝杆菌快速培养系统（美国 BD 公司）。

7　实验方法和要求

7.1　实验室生物安全要求

药效评价用的菌株制备及小鼠的感染、解剖取样和检测按照 ABSL-3 实验室生物安全要求执行，参见 GB 19489。

7.2　代表性耐多药临床菌株的筛选要求

筛选满足基因型、耐药表型和耐药突变位点要求的菌株，进一步进行小鼠体内毒力实验，具体方法是：用 1.0×10^8 CFU/mL 结核耐药菌液 100 μL 或 200 μL 感染小鼠，以国际公认的标准药物敏感株 H37Rv 为对照，30 天内观察小鼠的死亡情况，记录小鼠半数死亡时间。结果显示：与国际标准株 H37Rv 相比，分别挑选弱毒和强毒耐多药菌株，如编号 8462 和 94789 耐多药菌株作为实验用菌株。

7.3　MIC 检测用的标准株 H37Rv 和耐多药菌株的制备要求

−80℃或液氮低温保存的 *Mtb* 标准株 H37Rv 及耐多药结核菌 94789、8462 单细胞悬液，要求浓度为 1.0×10^7 CFU/mL（colony forming unit/mL），用生理盐水稀释浓度调至 0.5 个麦氏浊度后备用。

7.4　BD MGIT960 药敏试验

7.4.1　受试物 PP 的溶解和稀释

根据药物和受试物的溶解特性，选择合适的溶质（DMSO、PBS 或水等），配成工作浓度，并用 0.22 μm 滤器过滤获得无菌的药物或受试物溶液。

7.4.2　对照药的溶解和稀释

对照药异烟肼、利福平和链霉素的浓度可选择 10 mg/mL。

7.4.3　BD MGIT960 药敏试验工作菌液的制备标准

按照 1∶5 稀释的 0.5 个麦氏浊度的菌种放入 MGIT960 系统中经过一次培养，培养报阳的菌液作为第二步药敏试验的工作菌液。

报阳当天为第 0 天，报阳后至少培养 1 天，第 1 天或第 2 天菌液可直接作为药敏试验的工作菌液。第 3～5 天以后的菌液需要 5 倍稀释得到工作菌液。

7.4.4　BD MGIT960 系统进行药敏试验的程序

7.4.4.1　生长对照管菌液的制备方法

需将药敏试验工作菌液 0.1 mL 加入 10 mL 生理盐水，100 倍稀释。

7.4.4.2　药敏试验的试验管准备方法

取所需数量的 MGIT960 系统的培养管，每管加入 OADC 生长添加剂 0.8 mL。生长对照组每管加入生长对照菌液 0.5 mL。试验管每管 7 mL 液体中加入不同浓度的 0.1 mL 受试药液或者对照药异烟肼、利福平、链霉素等，药物浓度采用倍比稀释的方法，要求至少确定 10 个浓度梯度值。所有试验管中工作菌液为 0.5 mL/管。

7.4.4.3　利用 BD MGIT960 系统检测药物的 MIC

将所有检测的管做好标记，扫描管上条形码后放入 MGIT960 培养系统，根据管号记录报阳时间和生长单位。

7.4.4.4　MIC 结果的判定方法

根据不同药物浓度梯度的试验管报阳时间和生长单位，找到报阳和报阴试验管的药物浓度临界值，确定为该药物的 MIC 值。

7.5　动物感染用的菌株的制备要求

a）模型制备的菌浓度要求：H37Rv 菌液稀释成浓度为 1.0×10^7 CFU/mL，强毒耐多药结核菌株 94789 菌液稀释成 1.0×10^5 CFU/mL，弱毒耐多药结核菌株 8462 菌液稀释成 1.0×10^6 CFU/mL。

b）注射剂量（体积）：每只小鼠注射菌液体积为 100 μL。

7.6　动物体内药效评价实验程序

7.6.1　小鼠感染

a）实验小鼠要求：SPF 级 6～8 周龄雌性 C57BL/6 小鼠，设置空白对照组、模型对照组、对照药物组和实验组，每组 10 只。

b）感染途径：小鼠尾静脉。

c）感染菌液的剂量和浓度要求：1.0×10^7 CFU/mL H37Rv 菌液 100 μL、1.0×10^5 CFU/mL 94789 菌液 100 μL 和 1.0×10^6 CFU/mL 8462 菌液 100 μL。

7.6.2　给药方法

a）给药途径：灌胃。

b）给药剂量或体积：一般 0.2 mL，最大不超过 0.8 mL。对照药的剂量参考成人用量换算成小鼠的剂量，受试药物根据药代情况确定剂量，某些药物可按浓度梯度给药。

c）给药时间、频次和周期：根据药代情况可以在感染 1 周或 2 周后开始给药，灌胃给药治疗 4 周，每周 5 次。

7.6.3　药效评价

7.6.3.1　组织荷菌量定量检测方法和要求

a）取样要求：确保生物安全，要求在生物安全柜中取样。确保每只小鼠取样的一致性，每只小鼠在固定位置取相同体积或质量的组织。

b）组织去杂菌的方法：要求去组织块中杂菌，避免非目标菌对菌培养的干扰。可按照生理盐水—4%稀硫酸—生理盐水的顺序漂洗组织，除杂菌。

c）组织匀浆的稀释梯度：组织研磨液可按照 1∶10、1∶100、1∶1000、1∶10 000……的比例，进行梯度稀释，至少要有 3 个稀释梯度。

d）接种的要求：分别取稀释液 50 μL 或 100 μL，接种至分枝杆菌的中性罗氏培养管中，每个稀释梯度均接种 3 管，做 3 个操作重复，稀释液均匀地涂布于罗氏培养基上。

e）培养条件和时间：在 37℃ 5%CO_2 培养箱中培养 4～5 周后进行菌落计数。

f）计数方法：目测斜面上有清楚可见的菌落，选择斜面上菌落数量在 20～100 个的培养管为最适菌落计数浓度。按照以下公式回推计算组织中的菌量：

$$斜面上菌落数 \times 稀释倍数 \times 10 = 每毫升匀浆液中菌量$$

g）同时可用 MGIT960 系统快速培养来确定组织荷菌量，按照 BACTEC MGIT960 全自动分枝杆菌系统操作指南要求，先在 BACTEC MGIT 7H9 培养管中加入 0.8 mL 添加剂，取 10^{-1} 稀释度的组织匀浆稀释液 500 μL，加至 BACTEC MGIT 7H9 培养管中，记录出现阳性结果的最早时间称为报阳时间（time to detection，TTD），待其报阳之后，打印出报阳结果，进行结果分析。

7.6.3.2　组织病理的检测和定量分析方法

a）样本取样要求：除去荷菌量分析的部分组织，肺、脾、肝组织用于病理病变分析。按照生物安全三级要求操作取样，在10%福尔马林溶液中固定至少48 h后，确保样本中菌已固定灭活后运出至普通实验室，进行修块、制块和染色。

b）按常规流程制片、切片和染色：按常规制片流程制成蜡块，蜡块切成厚度为5 μm切片，切片应尽量包含组织的最大横切面或纵切面，确保阅片视野尽量大，切片进行 HE 染色，由实验动物病理学专家进行诊断和定量分析。

c）病理诊断和定量分析要求：由两名以上实验动物病理学专家阅片并诊断，复核后出报告，阅片过程中对动物组别保持双盲。对病变进行定量分析，计数病变个数、利用标尺定量病变的面积，分析肺、脾和肝组织肉芽肿的个数和面积大小，通过定量化分析评估病变程度。

7.6.4　药效判定方法

受试药物组分别与实验对照组（模型组）和阳性药对照组比较，综合判定受试药物组的荷菌量值和组织病变定量值是否有差异，差异有统计学意义（即 $P<0.05$ 或 $P<0.01$ 以下）认定为药物有效。

结果判定的注意事项：某些药物对荷菌量的影响不一定与对病变的影响保持平行，因此，判定结果时可能出现以下 4 种结果。

组织荷菌量明显降低，病变明显减轻，且都有统计学意义，可认定药物有效。

组织荷菌量明显降低，组间差异有统计学意义，但病变改善不明显，可认定药物有效，主要对结核菌体内复制增殖有明显抑制作用。

组织病变明显减轻，组间差异有统计学意义，但荷菌量降低不明显，可认定药物有效，主要对结核菌导致的病理损伤有明显改善作用。

组织荷菌量降低不明显，病变改善不明显，可认定药物无明显效果。

8　结果复核内容

a）耐药菌的体外 MIC 试验检测菌株对药物的敏感性。

b）耐药菌感染小鼠模型中，药物作用后肺、脾和肝组织病理的定量分析。

c）耐药菌感染小鼠模型中，药物作用后肺、脾和肝组织的荷菌量定量分析。

参 考 文 献

陈明亭, 万康林. 2011. 结核病实验室技术手册. 北京: 科学出版社.

丁海榕, 林树柱, 卢锦标, 等. 2014. 耐药结核分枝杆菌感染动物模型所用菌株的筛选. 微生物与感染, 9(2): 83-88.

刘志昊, 穆大业, 占玲俊, 等. 2019. 两种结核分枝杆菌培养法在结核小鼠感染模型实验中的应用对比. 中国比较医学杂志, 29(5): 104-108.

占玲俊, 卢锦标, 唐军, 等. 2016. 耐药结核分枝杆菌潜伏-复发感染动物模型的研究进展. 微生物与感染, 11(1): 59-64.

中华人民共和国卫生部. 1993. 新药(西药)临床前研究指导原则汇编.

Guan Q, Zhan L, Liu Z H, et al. 2020. Identification of pyrvinium pamoate as an anti-tuberculosis agent *in vitro* and *in vivo* by SOSA approach amongst known drugs. Emerg Microbes Infect, 9(1): 302-312.